普通高等教育“十二五”规划教材

机 械 原 理 作 业 集

第 2 版

王　军　何晓玲　杨　巍　田同海　编

机 械 工 业 出 版 社

本作业集是编者在多年从事机械原理教学的基础上，参考了机械原理教材、习题集以及机械原理考题而编写的。针对教学中学生不宜掌握的难点、疑点内容，习题由浅入深，循序渐进；习题的选择难易适中，覆盖各章的主要内容，并有一定余量，可供选择使用。学生在完成本作业集的作业后，即可掌握机械原理解题的基本方法，掌握机械原理课程的主要内容。本作业集采用活页形式，既方便学生做作业，也利于教师批改，并使作业规范化。

本作业集可供高等院校机械类学生使用，也可供参加研究生入学考试和自学考试的学生学习机械原理课程使用。

图书在版编目（CIP）数据

机械原理作业集/王军等编．—2版．—北京：机械工业出版社，2011.7（2025.2重印）
普通高等教育“十二五”规划教材
ISBN 978-7-111-34879-5

Ⅰ.①机…　Ⅱ.①王…　Ⅲ.①机构学-高等学校-习题集
Ⅳ.①TH111-44

中国版本图书馆CIP数据核字（2011）第099652号

机械工业出版社（北京市百万庄大街22号　邮政编码100037）
策划编辑：刘小慧　责任编辑：刘小慧　赵亚敏　王　婧　邓海平
责任校对：陈立辉　封面设计：张　静　责任印制：常天培
北京机工印刷厂有限公司印刷
2025年2月第2版第12次印刷
184mm×260mm·16印张·198千字
标准书号：ISBN 978-7-111-34879-5
定价：36.00元

凡购本书，如有缺页、倒页、脱页，由本社发行部调换

电话服务	网络服务
服务咨询热线：010-88379833	机 工 官 网：www.cmpbook.com
读者购书热线：010-88379649	机 工 官 博：weibo.com/cmp1952
	教育服务网：www.cmpedu.com
封面无防伪标均为盗版	金 书 网：www.golden-book.com

第2版前言

本作业集第1版于2008年4月出版，经过几年的使用，能较好地满足教学要求并受到使用者的欢迎，但也存在一些不足之处，需进一步改进。因此，在原作业集的基础上进行本次修订。

本次修订主要是加强学生对基本概念、基本理论的理解，故在题目类型上，适当地增加了判断题、选择题和填空题；在题目的数量上、难度上也有所增加；另外修改了部分题目，但总体上保持原有结构、风格不变。为了和我校杨巍、何晓玲主编的机械原理教材配套使用，本次修订调整了原章节的顺序，并增加了“第十二章 机械系统运动方案设计”的习题。

本作业集是编者在多年从事机械原理教学的基础上，参考了多种版本的机械原理教材、习题集以及机械原理考题而编写的。形式上采用活页形式，既方便学生做作业，也利于教师批改，并使作业规范化。

本作业集附有答案，需要者可通过电子邮件 kdjxyl@163.com 与编者联系。

本作业集可供高等院校机械类学生使用，也可供研究生入学考试等学生学习机械原理课程使用。

参加本作业集修订的有：王军（第一、二、七、九章），何晓玲（第三、五章），杨巍（第四、十、十一、十二章），田同海（第六、八章），王军负责全书统稿。

由于水平有限，书中如有不足之处，恳请各位老师及使用者提出批评和改进意见。

编　者

第1版前言

机械原理课程是工科机械类专业的一门重要的技术基础课，在教学计划中占有重要的地位。为了学好这门课程，除了课堂教学外，还需完成一定量的习题。编写本作业集的目的就是配合机械原理课程教学，加强学生对基本概念、基本理论的理解，提高学生机构分析和综合的能力，从而培养学生分析问题、解决问题和创新设计能力，达到机械原理课程的教学要求。

本作业集是编者在多年从事机械原理教学的基础上，参考了机械原理教材、习题集以及我校历届机械原理考题而编写的，针对教学中学生不宜掌握的难点、疑点内容，由浅入深，循序渐进，习题的选择难易适中，覆盖各章的主要内容，并有一定余量，可供选择使用。学生在完成此作业集的作业后，即可掌握机械原理解题的基本方法，掌握机械原理课程的主要内容。作业集采用活页形式，既方便学生做作业，也利于教师批改，并使作业规范化。

本作业集附有答案，需要者可通过电子邮件 kdjxyl@163.com 与编者联系。

本作业集可供高等院校机械类学生使用，也可供自学考试等学生学习机械原理课程使用。

本作业集由河南科技大学机械原理及机械设计教研室的教师编写，王军编写第一、二、十、十二章，何晓玲编写第三、八章，杨巍编写第四、五、六、七章，田同海编写第九、十一章，王军负责全书统稿。

由于水平有限，书中如有不足之处，恳请各位老师及使用者提出批评和改进意见。

编　者

目　　录

第一章　绪　　论

1-1　试说明机器与机构的特征、区别和联系。

1-2　试举出两个机器实例，并说明其组成及功能。

班级		成绩	
姓名		任课教师	
学号		批改日期	

第二章　平面机构的结构分析

2-1　判断题（正确的在（　　）中填√，错误的填×）

（1）构件是由多个零件组成的，一个零件不能成为构件。（　　）

（2）机构具有确定运动的条件是机构的自由度等于1。（　　）

（3）杆组是自由度等于0的构件组。（　　）

（4）机构中的虚约束，如果制造精度、安装精度达不到时会成为真实约束。（　　）

（5）平面机构高副低代的条件是替代前后机构的自由度、瞬时速度和瞬时加速度保持不变。（　　）

（6）不同的机器可以有相同的机构运动简图。（　　）

2-2　单项选择题

（1）机构的特征之一是____。

A. 有连杆　　B. 有电动机

C. 自由度等于1　　D. 各构件之间具有确定的相对运动

（2）一种相同的机构____组成不同的机器，一台机器____由不同的机构组成。

A. 可以　　B. 不能

（3）两构件通过____接触组成的运动副称为高副。

A. 面　　B. 面或线　　C. 点或线

（4）在平面机构中若引入一个高副将引入____个约束，而引入一个低副将引入____个约束。

A. 1　　B. 2　　C. 3

（5）计算机构自由度时，若计入虚约束，则机构自由度就会____。

A. 增加　　B. 减少　　C. 不变

（6）计算机构自由度时，若没有发现局部自由度，则机构自由度就会____。

A. 增加　　B. 减少　　C. 不变

（7）有两个平面机构的自由度都等于1，现用一个带有两铰链的运动构件将它们串联成一个平面机构，则其自由度等于____。

A. 0　　B. 1　　C. 2

（8）下列图中，图____是Ⅲ级杆组，其余都是两个Ⅱ级杆组的组合。

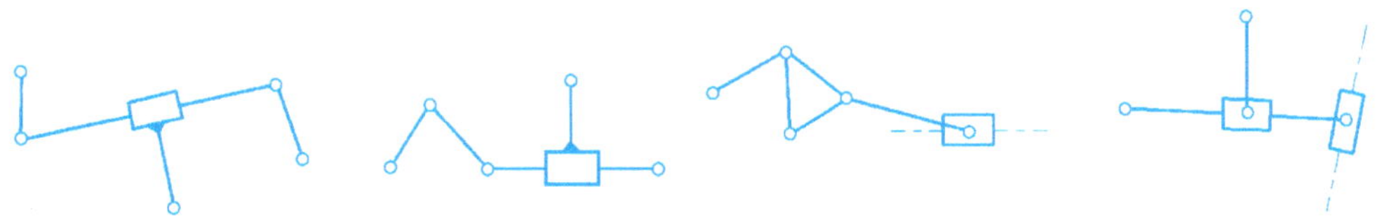

A.　　B.　　C.　　D.

班级		成绩	
姓名		任课教师	
学号		批改日期	

2-3 试画出唧筒机构的运动简图，并计算其自由度。

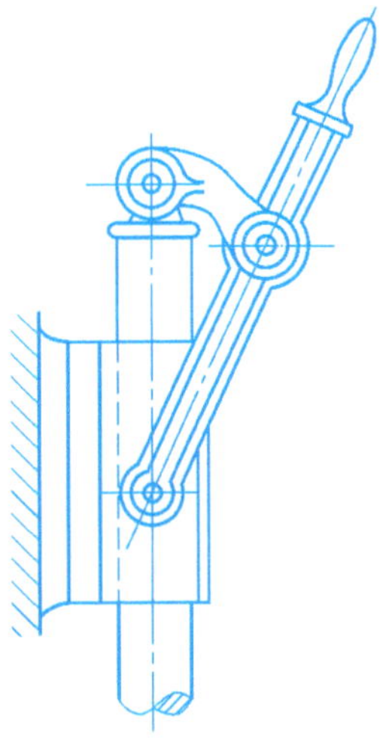

2-4 试画出缝纫机下针机构的运动简图，并计算其自由度。

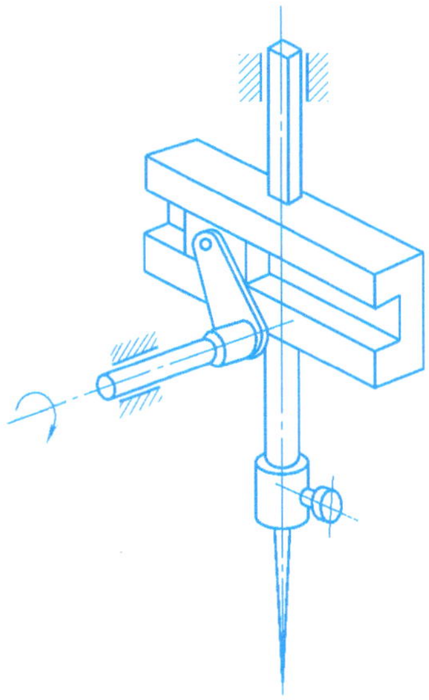

班级		成绩	
姓名		任课教师	
学号		批改日期	

2-5 试画出图示机构的运动简图，并计算其自由度。

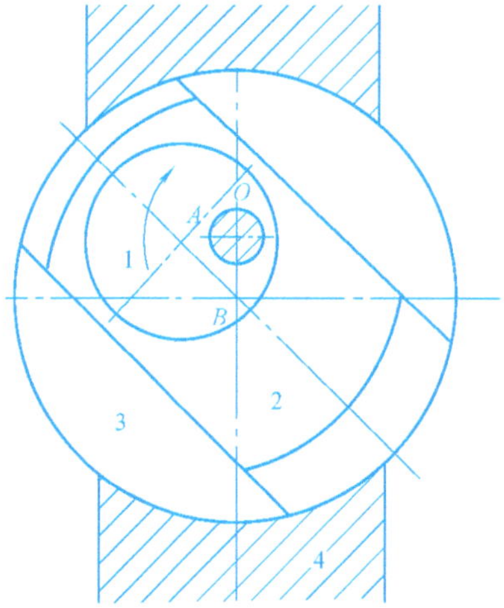

2-6 如图所示为一小型压力机。图中齿轮1与偏心轮1′为同一构件，绕固定轴心 O 连续转动。在齿轮5上开有凸轮凹槽，摆杆4上的滚子6嵌在凹槽中，从而使摆杆4绕 C 轴上下摆动；同时又通过偏心轮1′、连杆2、滑竿3使 C 轴上下移动；最后通过在摆杆4叉槽中的滑块7和铰链 G 使冲头8实现冲压运动。试绘制其机构运动简图，并计算其自由度。

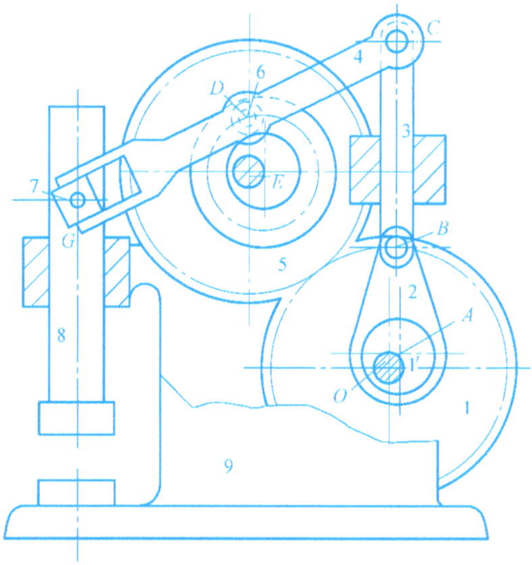

班级		成绩	
姓名		任课教师	
学号		批改日期	

2-7 图示为一脚踏式推料机设计方案示意图。设计思路是：动力由踏板 1 输入，通过连杆 2 使杠杆 3 摆动，进而使推板 4 沿导轨直线运动，完成输送工件或物料的工作。试绘制出该设计方案的运动简图，分析该方案能否实现设计意图，并说明理由。若不能，请在该方案的基础上提出修改方案，画出修改后方案的运动简图。

2-8 计算图示机构的自由度，如有复合铰链、局部自由度、虚约束，须在图中指出。

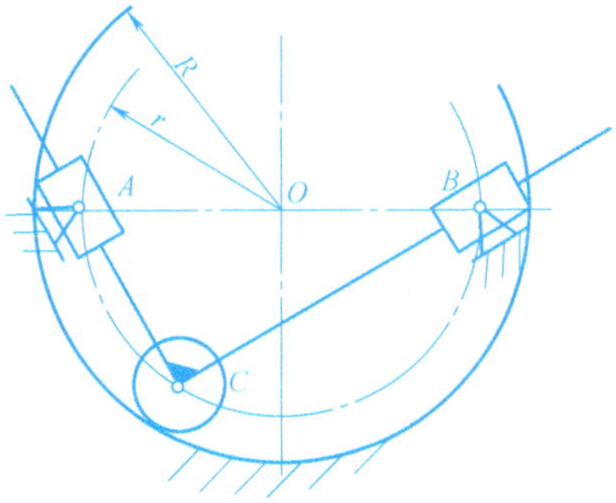

∠ACB=90°

班级		成绩	
姓名		任课教师	
学号		批改日期	

2-9 计算图示自动送料剪床机构的自由度，如有复合铰链、局部自由度、虚约束，须在图中指出。

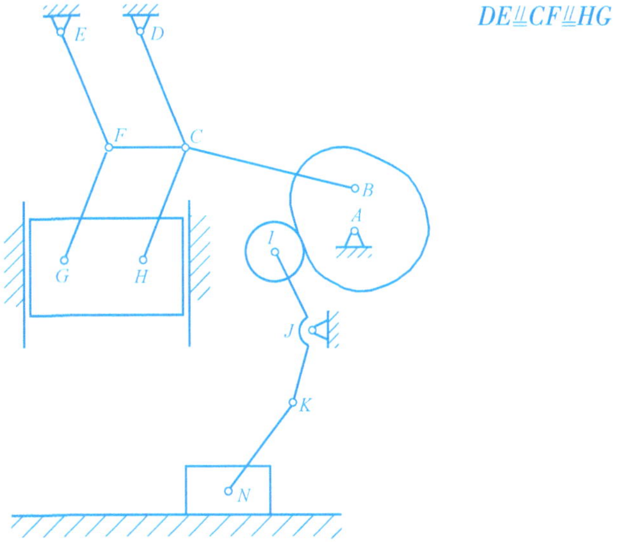

2-10 计算图示机构的自由度，如有复合铰链、局部自由度、虚约束，须在图中指出。说明该机构具有确定运动的条件（点画线圆为齿轮）。

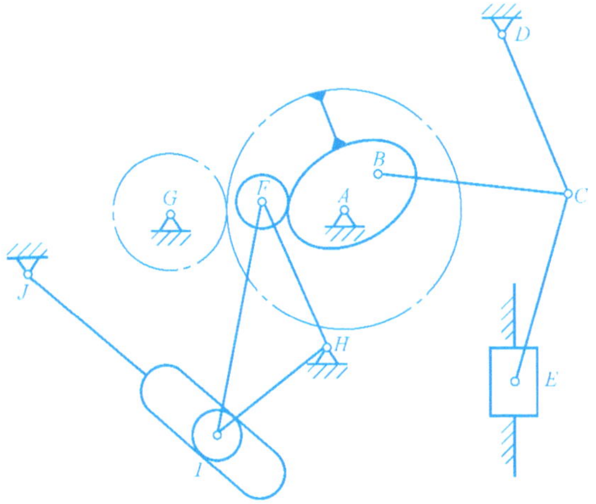

班级		成绩	
姓名		任课教师	
学号		批改日期	

2-11 计算图示机构的自由度，如有复合铰链、局部自由度、虚约束，须在图中指出。说明该机构具有确定运动的条件（点画线圆为齿轮）。

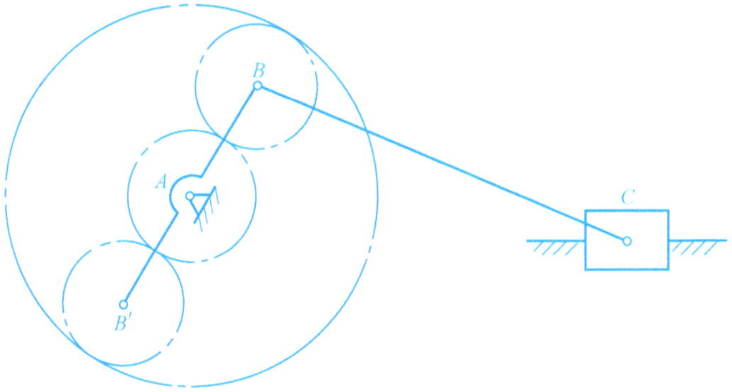

2-12 计算图示机构的自由度，如有复合铰链、局部自由度、虚约束，须在图中指出。说明该机构具有确定运动的条件。

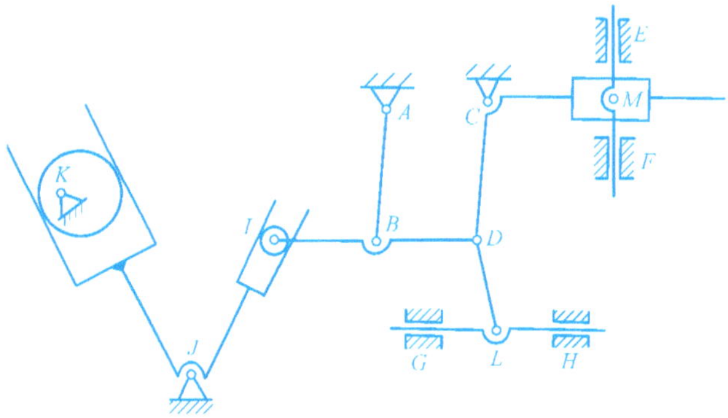

班级		成绩	
姓名		任课教师	
学号		批改日期	

2-13 计算图示机构的自由度，分别取构件 2 和构件 8 为原动件，分析组成此机构的基本杆组，确定机构的级别。

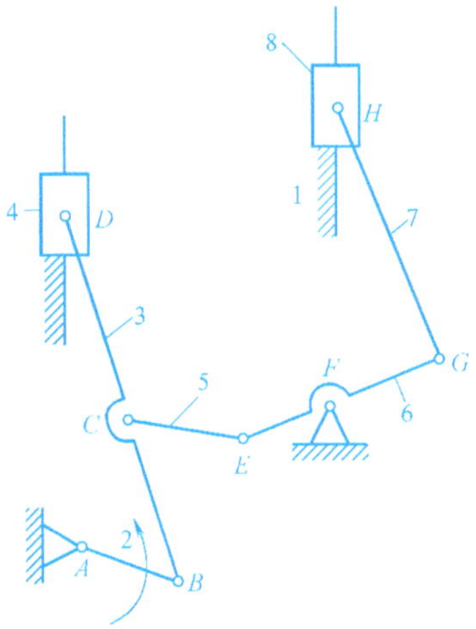

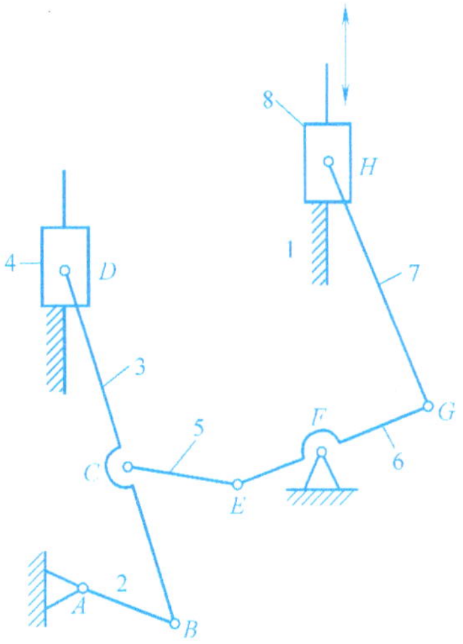

班级		成绩	
姓名		任课教师	
学号		批改日期	

2-14 计算图示机构的自由度，将其中的高副用低副代替，并分析机构所含的基本杆组，确定机构的级别。

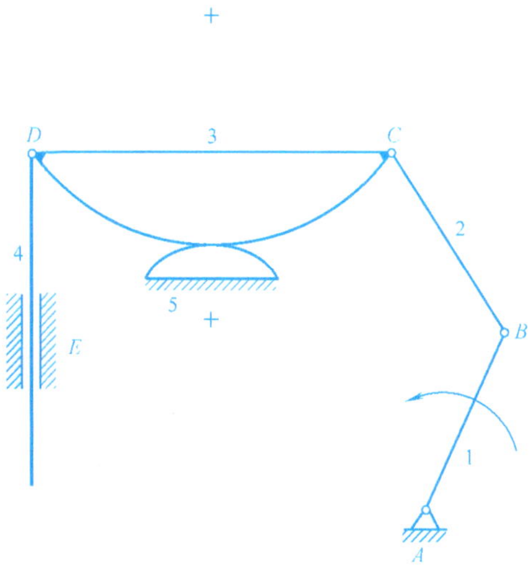

2-15 计算图示机构的自由度，将其中的高副用低副代替，并分析机构所含的基本杆组，确定机构的级别。

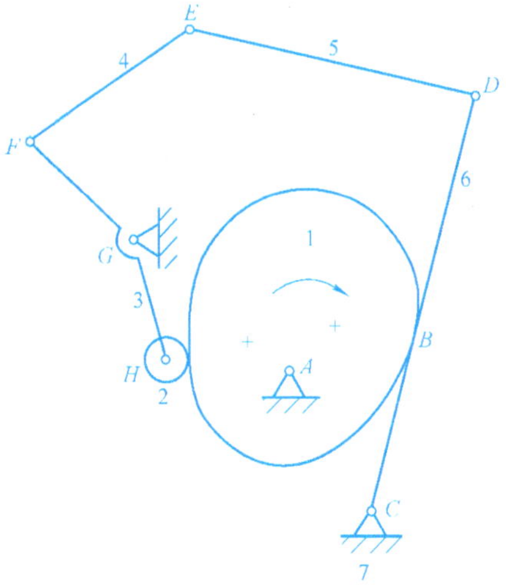

班级		成绩	
姓名		任课教师	
学号		批改日期	

2-16 计算图示机构的自由度，将其中的高副用低副代替，并分析机构所含的基本杆组，确定机构的级别。

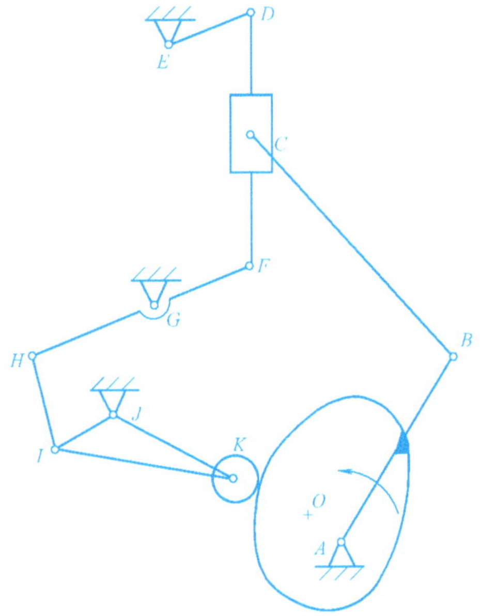

a)

CD⫫EF⫫BH

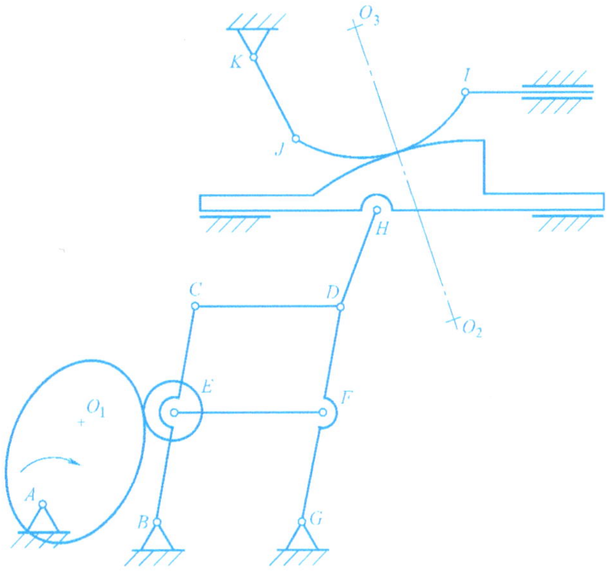

b)

班级		成绩	
姓名		任课教师	
学号		批改日期	

第三章　平面机构的运动分析

3-1　判断题（正确的在（　　）中填√，错误的填×）

（1）速度瞬心是两构件上绝对速度相等，而相对速度等于零的重合点。　（　　）

（2）两构件的速度瞬心也是加速度瞬心，所以可以用来方便地求解速度和加速度。　（　　）

（3）三心定理适用于机构中任意三个构件。　（　　）

（4）速度、加速度影像原理可以在机构中任意各点之间应用。　（　　）

（5）两构件组成移动副时，由于相对运动为移动，所以不存在科氏加速度。　（　　）

3-2　填空题

（1）组成转动副、移动副或高副的两构件，其速度瞬心分别在、__________、______________、______________。

（2）根据三心定理，速度瞬心 P_{ab} 和 P_{bd} 的连线与速度瞬心 P_{ac} 和 P_{cd} 的连线的交点应是速度瞬心__________。

（3）用相对运动图解法作机构的运动分析时，应选择________点作为分析点，其目的是____________________；在________________情况下需要刚体扩大。

（4）在速度图中从点 p 指向点 b 的矢量$\overrightarrow{pb}$表示____，从点 i 指向点 j 的矢量$\overrightarrow{ij}$表示____。

（5）组成移动副的两构件，在任意位置其角速度____________。

（6）速度、加速度影像原理是指______________________相似，且字母绕行顺序____________________；其作用是______________________。

（7）机构中存在科氏加速度的原因是________________。

3-3　在图示的齿轮—连杆组合机构中，试用速度瞬心法求齿轮 1 与齿轮 3 的传动比$\frac{\omega_1}{\omega_3}$。

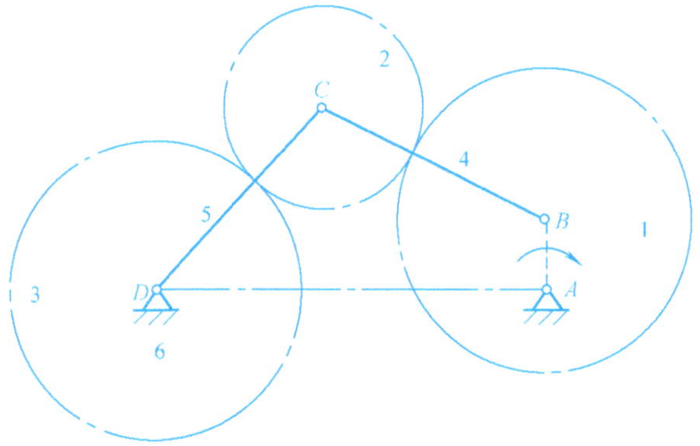

班级		成绩	
姓名		任课教师	
学号		批改日期	

3-4 试求下列各机构在图示位置时全部瞬心的位置（用符号 P_{ij} 直接标注在图上）。

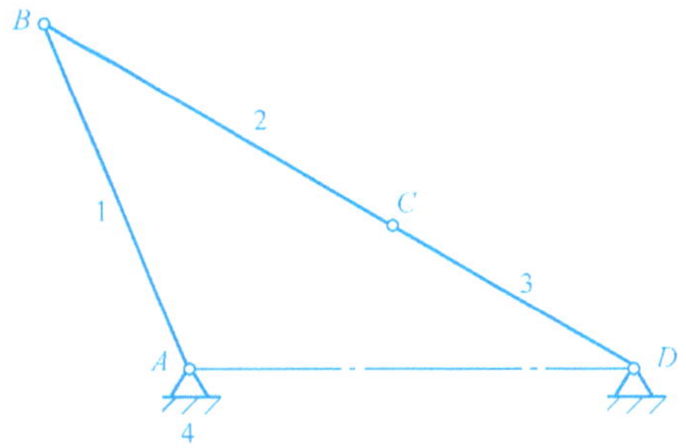

a)

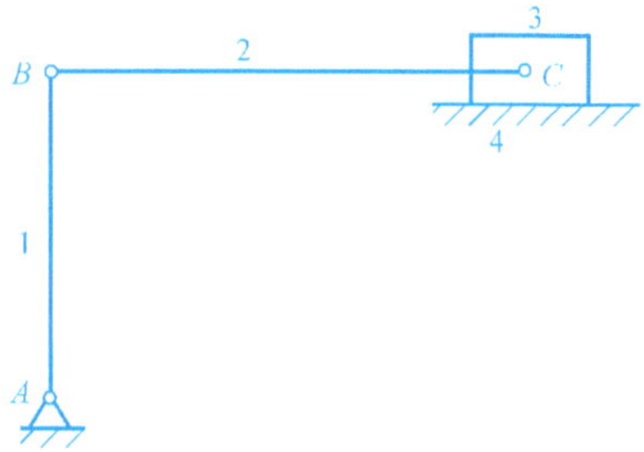

b)

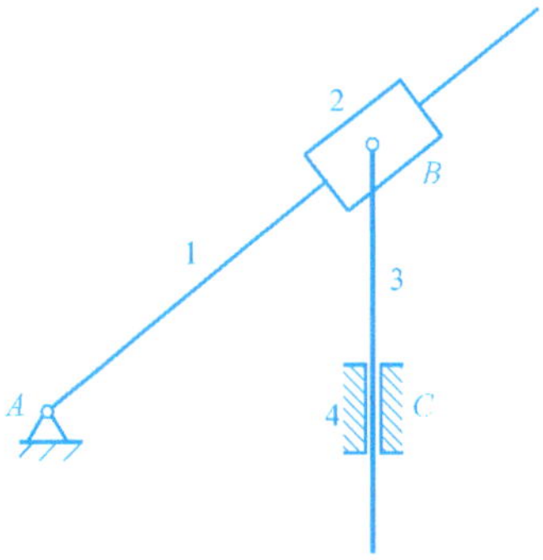

c)

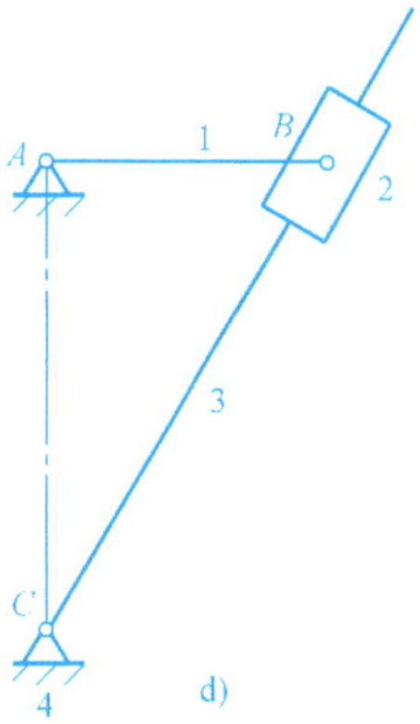

d)

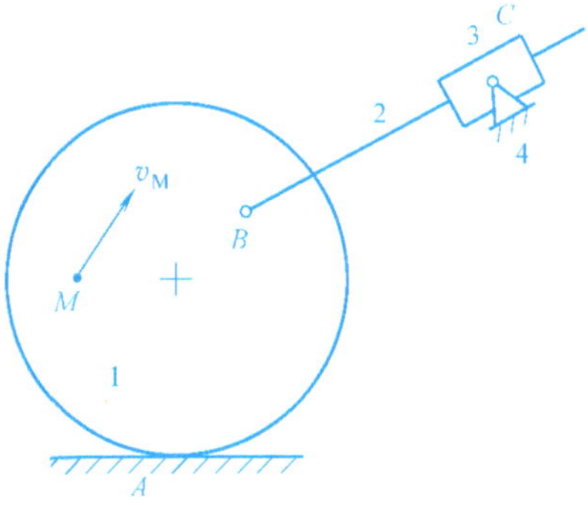

e)

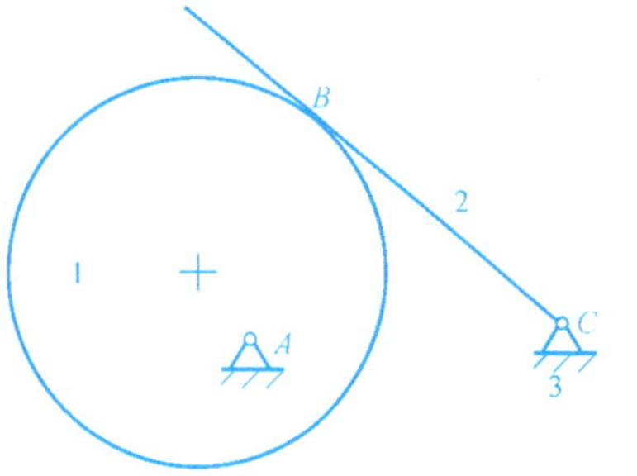

f)

班级		成绩	
姓名		任课教师	
学号		批改日期	

3-5 在图示的四杆机构中，已知 $l_{AB}=60\text{mm}$，$l_{CD}=90\text{mm}$，$l_{AD}=l_{BC}=120\text{mm}$，$\omega_1=20\text{rad/s}$，试用瞬心法求：

（1）当 $\varphi=165°$时，点 C 的速度 v_C。

（2）当 $\varphi=165°$时，构件 2 的 BC 线（或其延长线）上速度最小的点 E 的位置及速度的大小。

（3）当 $v_C=0$ 时，φ 角的值（有两个解），并做出相应的机构位置图。

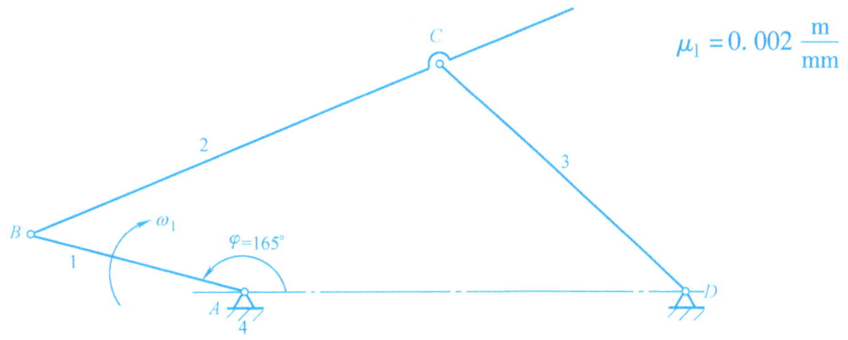

班级		成绩	
姓名		任课教师	
学号		批改日期	

3-6 下列图示机构中，已知$\boldsymbol{v}_B$，试用相对运动图解法求 C 点的速度$\boldsymbol{v}_C$（在$\overrightarrow{pb}$的基础上作速度多边形并列出有关速度矢量方程）。

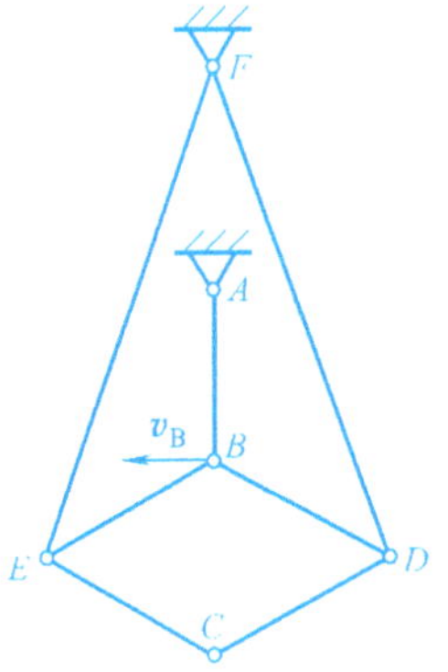

a)

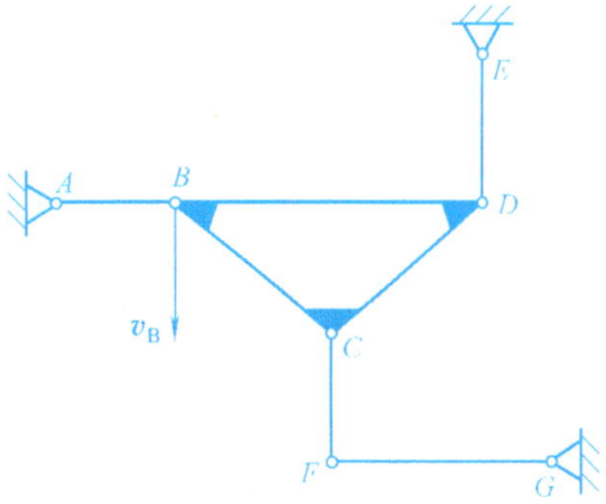

b)

班级		成绩	
姓名		任课教师	
学号		批改日期	

3-7 在图示干草压缩机中，已知 $\omega_1 = 5\text{rad/s}$，$l_{AB} = 150\text{mm}$，$l_{BC} = 600\text{mm}$，$l_{CE} = 300\text{mm}$，$l_{CD} = 460\text{mm}$，$l_{EF} = 600\text{mm}$，$x_D = 400\text{mm}$，$y_D = 500\text{mm}$，$y_F = 600\text{mm}$，$\varphi_1 = 30°$，求活塞 5 的速度 $\boldsymbol{v}_5$ 和加速度 $\boldsymbol{a}_5$。

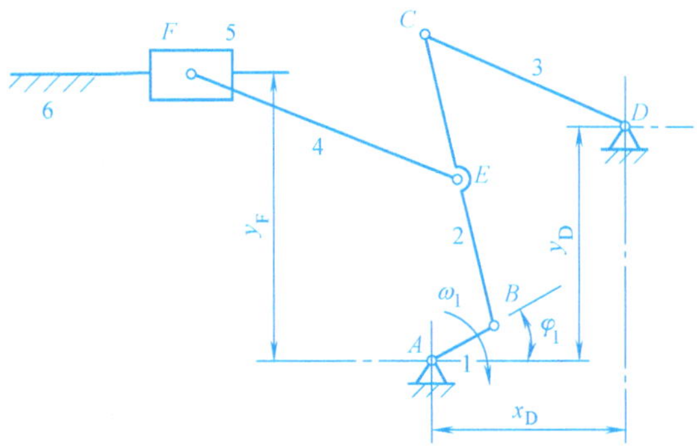

$\mu_l = 0.02 \frac{\text{m}}{\text{mm}}$

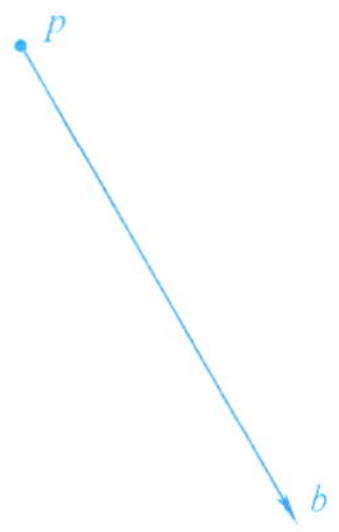

$\mu_v = 0.02 \frac{\text{m/s}}{\text{mm}}$

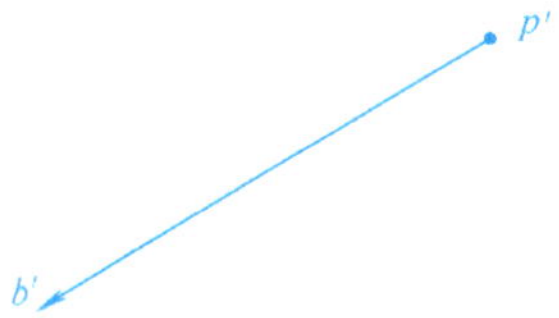

$\mu_a = 0.1 \frac{\text{m/s}^2}{\text{mm}}$

矢量方程及必要的分析计算：

班级		成绩	
姓名		任课教师	
学号		批改日期	

3-8 已知铰链四杆机构的位置及尺寸如图 a 所示，现已作出其速度多边形（图 b）和加速度多边形（图 c）。试在图中求出：

（1）构件 1、2、3 上速度为 v_x 的点 x_1、x_2、x_3 的位置。

（2）构件 2 上速度为零的点 M_2 的位置，并在加速度多边形（图 c）上找出点 m_2'。

（3）构件 2 上加速度为零的点 Q_2 的位置，并在速度多边形（图 b）上找出点 q_2。

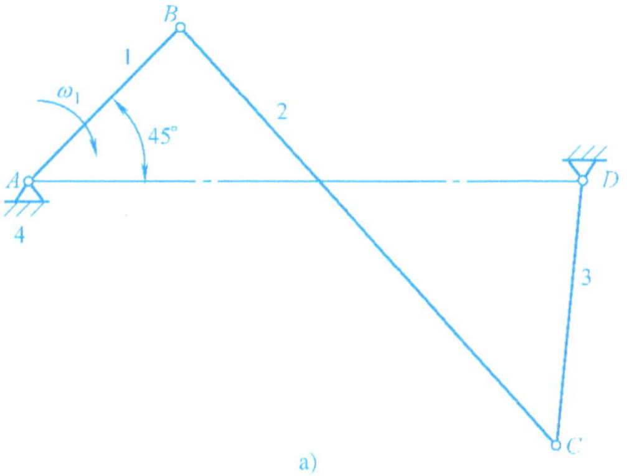

a)

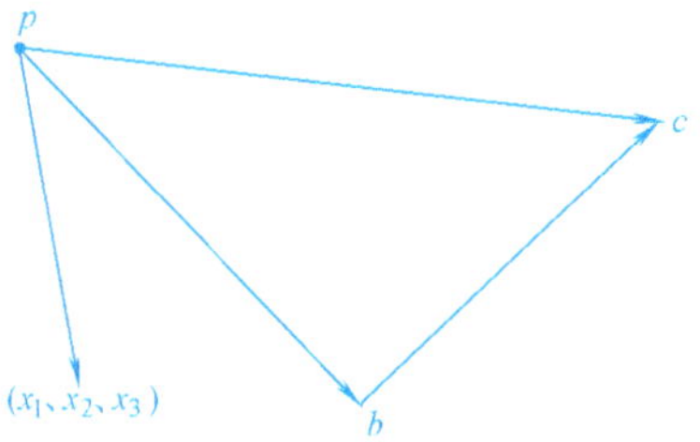

b)

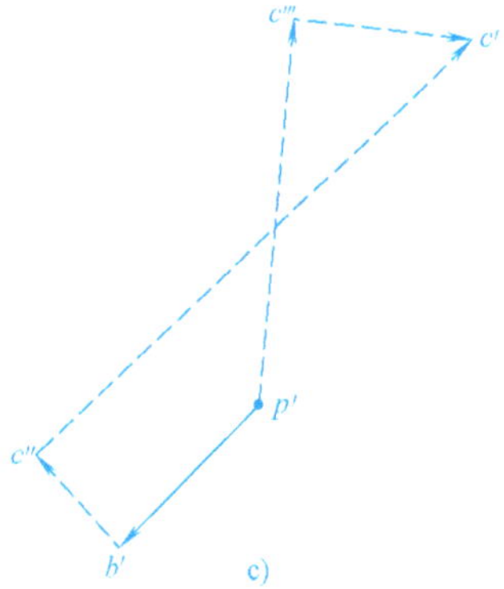

c)

班级		成绩	
姓名		任课教师	
学号		批改日期	

3-9 分析下列图示的各机构中，是否存在哥氏加速度？说明理由。如果存在，写出表达式，并在机构图上标出其方向（注明下角标）。

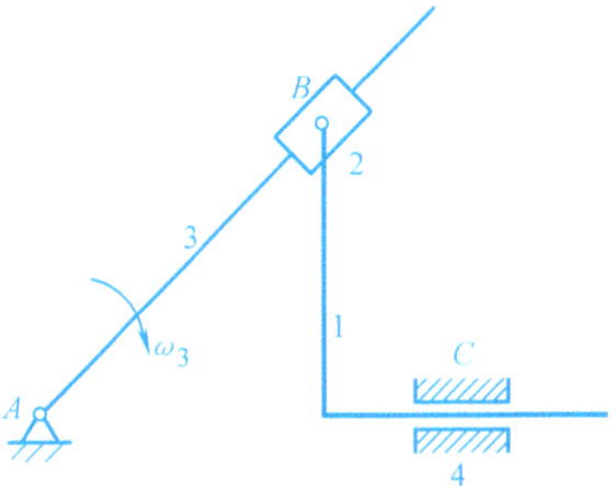

a)

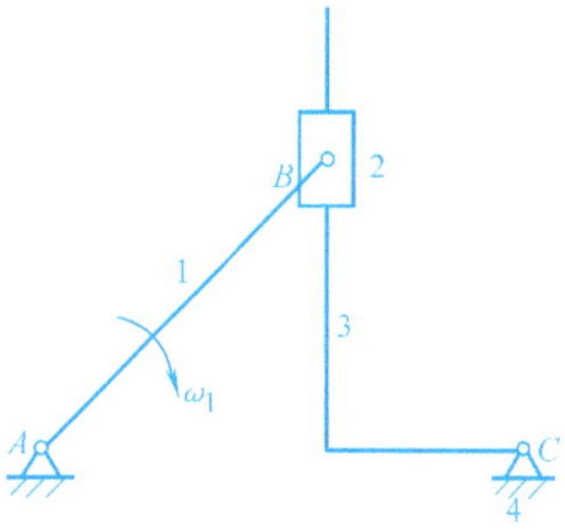

b)

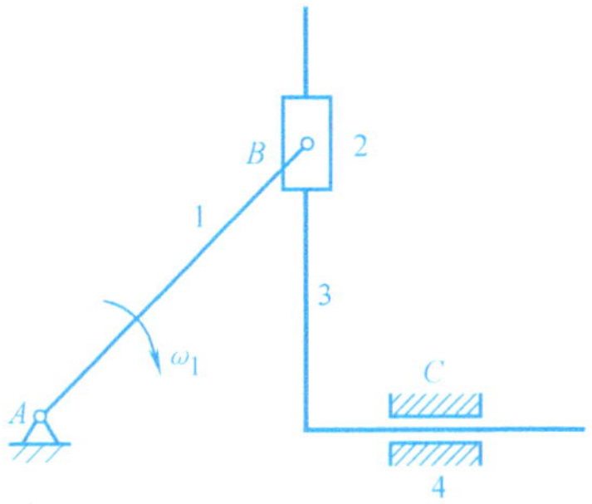

c)

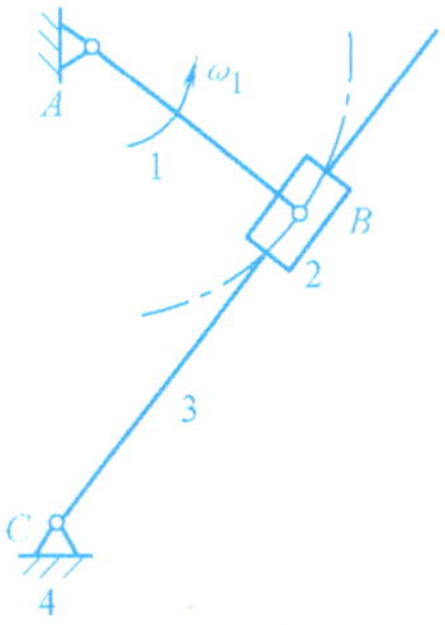

d)

3-10 图示机构中，已知各构件尺寸及 v_1（为常数）。试用相对运动图解法求构件5的角速度 ω_5 及哥氏加速度 $\boldsymbol{a}^{k}_{D4D3}$ 的大小和方向（要求列出矢量方程，并分析大小、方向，在 $\overrightarrow{pa_1}$ 的基础上画出速度图，写出表达式）。

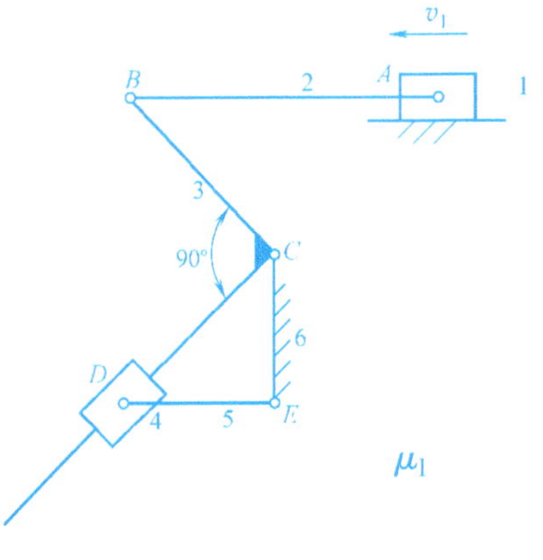

班级		成绩	
姓名		任课教师	
学号		批改日期	

3-11 图示为机构的运动简图、速度和加速度矢量图。

（1）写出移动副重合点 B 之间的速度和加速矢量方程式，标出各矢量在速度和加速度图中相对应的矢量。

（2）写出构件 3 的角速度 $\boldsymbol{\omega}_3$ 和角加速度 $\boldsymbol{\alpha}_3$ 的大小和方向。

（3）利用影像原理求出 $\boldsymbol{v}_D$、$\boldsymbol{a}_D$ 的大小和方向。

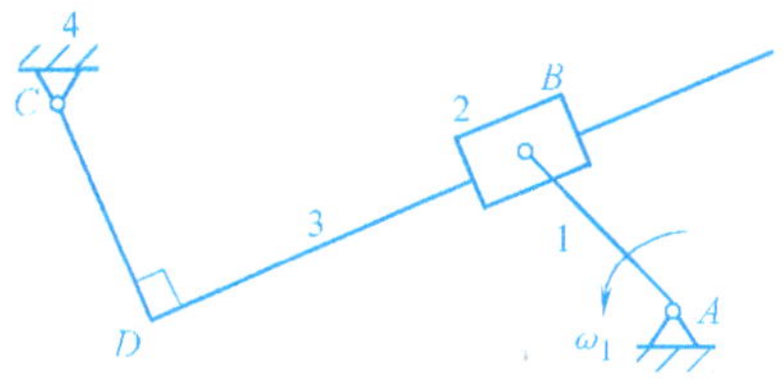

μ_l

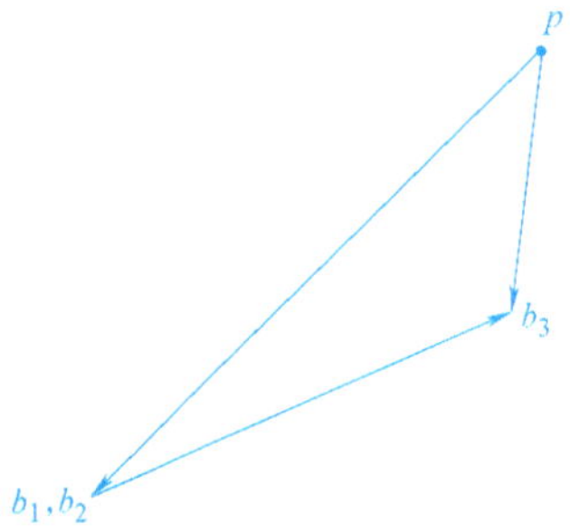

μ_v

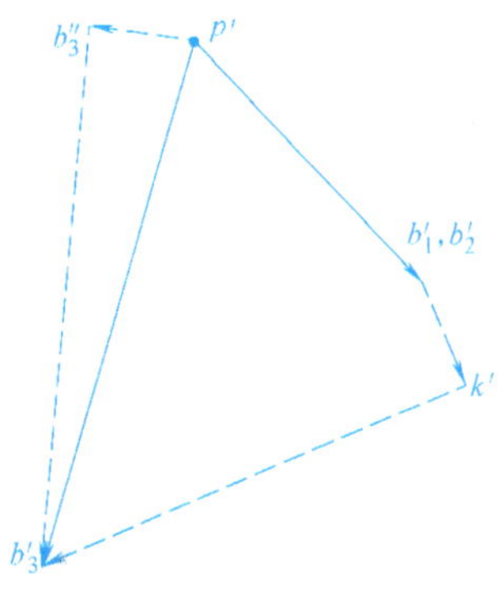

μ_a

矢量方程及必要的分析计算：

班级		成绩	
姓名		任课教师	
学号		批改日期	

3-12 在图示曲柄摇块机构中，已知 $l_{AB}=30\text{mm}$，$l_{AC}=100\text{mm}$，$l_{DE}=40\text{mm}$，$l_{BD}=50\text{mm}$，$\varphi_1=45°$，等角速度 $\omega_1=10\text{rad/s}$，求点 E 的速度 $\boldsymbol{v}_E$ 和加速度 $\boldsymbol{a}_E$ 以及构件 3 的角速度 $\boldsymbol{\omega}_3$ 和角加速度 $\boldsymbol{\alpha}_3$。

矢量方程及必要的分析计算：

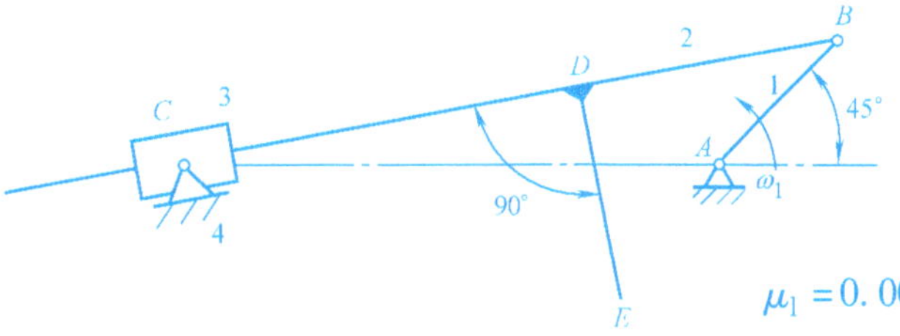

$\mu_l=0.002\ \dfrac{\text{m}}{\text{mm}}$

$\mu_v=0.006\ \dfrac{\text{m/s}}{\text{mm}}$

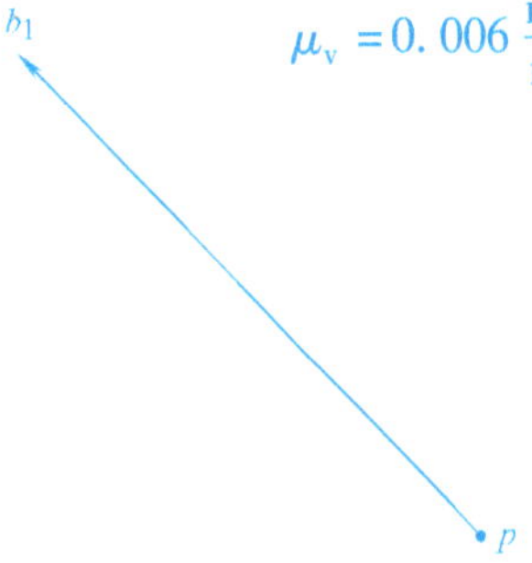

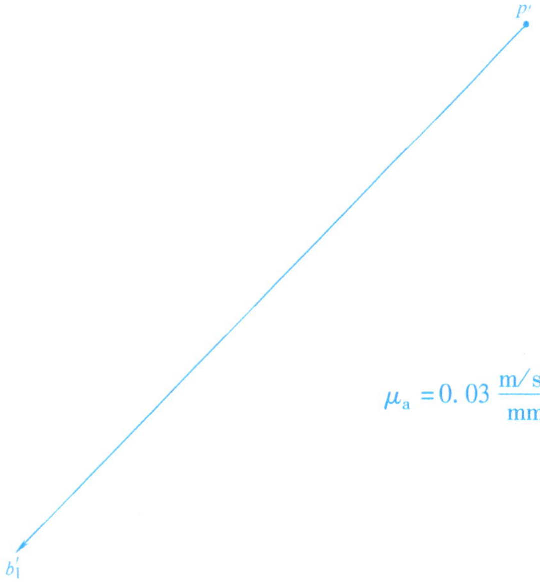

$\mu_a=0.03\ \dfrac{\text{m/s}^2}{\text{mm}}$

班级		成绩	
姓名		任课教师	
学号		批改日期	

3-13 已知图示机构的位置及尺寸，$\omega_1=10\text{rad/s}$，试求：

（1）构件 2 上 D 点的速度 v_D（要求在 $\overrightarrow{pb_1}$ 的基础上作速度多边形并列出有关矢量方程式及计算式）。

（2）构件 2 上 D 点的加速度 a_D（只要求写出求解思路并列出有关矢量方程式及计算式，不要求作加速度多边形）。

（3）a^k_{D2D1} 大小的表达式，在机构图上标出其方向。

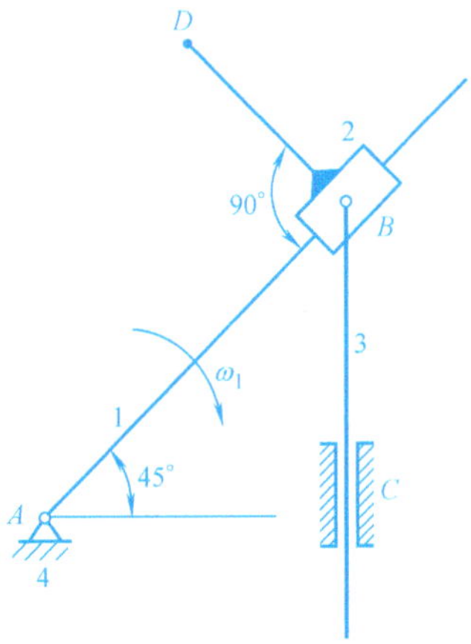

$\mu_l=0.005\ \frac{\text{m}}{\text{mm}}$

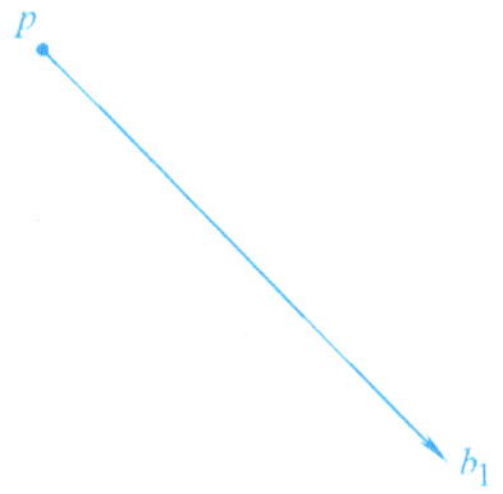

$\mu_v=0.05\ \frac{\text{m/s}}{\text{mm}}$

矢量方程及必要的分析计算：

班级		成绩	
姓名		任课教师	
学号		批改日期	

3-14 已知图示机构的位置及尺寸，ω_1 = 常数，试用相对运动图解法求图示位置：

（1）构件 5 的速度v_5（要求在$\overrightarrow{pb}$的基础上作速度多边形并列出有关矢量方程式及计算式）。

（2）构件 5 的加速度 a_5（只要求写出求解思路并列出有关矢量方程式及计算式，不要求作加速度多边形）。

（3）a^k_{E4E2}大小的表达式，在机构图上标出其方向。

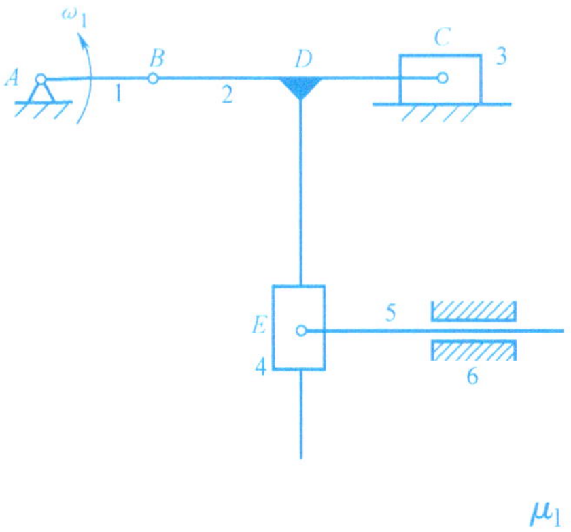

矢量方程及必要的分析计算：

班级		成绩	
姓名		任课教师	
学号		批改日期	

3-15 已知图示机构的位置及尺寸，ω_1 = 常数，试用相对运动图解法求图示位置：

（1）构件 5 的角速度 $\boldsymbol{\omega}_5$（要求在$\overrightarrow{pb}$的基础上作速度多边形并列出有关矢量方程式及计算式）。

（2）构件 5 的加速度 $\boldsymbol{\alpha}_5$（只要求写出求解思路并列出有关矢量方程式及计算式，不要求作加速度多边形）。

（3）机构中是否存在哥氏加速度？如果存在，标出其方向，并写出表达式（注明下角标）。

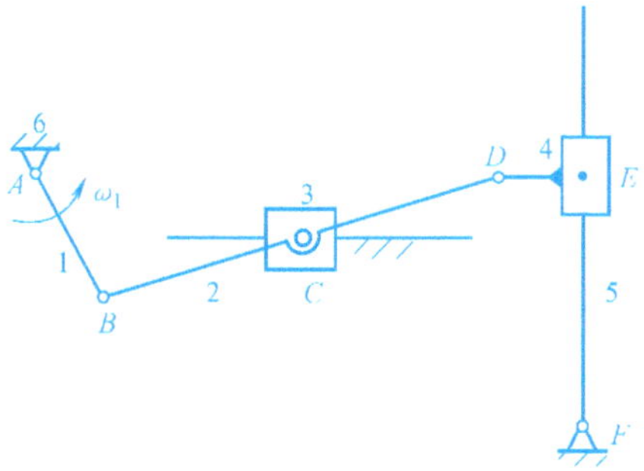

μ_l

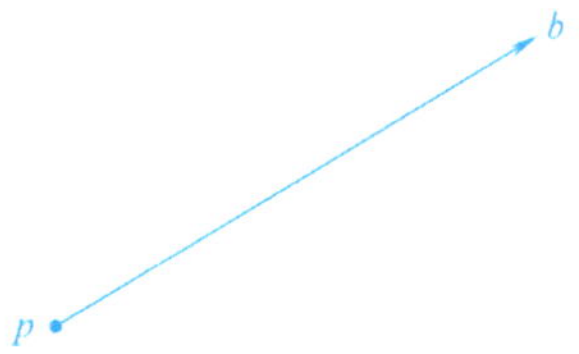

μ_v

矢量方程及必要的分析计算：

班级		成绩	
姓名		任课教师	
学号		批改日期	

3-16 在图示的齿轮—连杆组合机构中，*MM* 为固定齿条，齿轮 3 的齿数为齿轮 4 的 2 倍。设已知原动件 1 以等角速度 ω_1 顺时针方向回转，试用图解法求机构在图示位置时 *E* 点的速度 $\boldsymbol{v}_E$ 以及齿轮 3、4 的速度影像。

矢量方程及必要的分析计算：

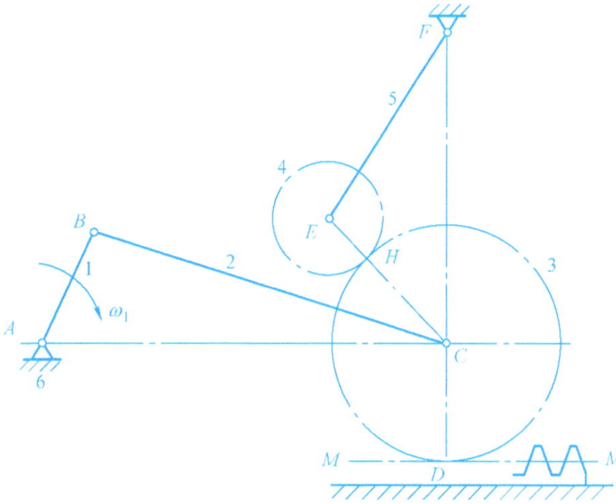

μ_l

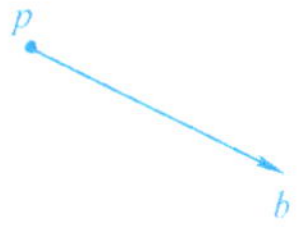

μ_v

班级		成绩	
姓名		任课教师	
学号		批改日期	

3-17 在图示机构中，已知 $\varphi_1=45°$，构件 1 以等角速度 $\omega_1=100\text{rad/s}$ 逆时针方向转动，$l_{AB}=400\text{mm}$，$\gamma=60°$，试用解析法求构件 2 的角速度 ω_2 和构件 3 的速度 v_3。

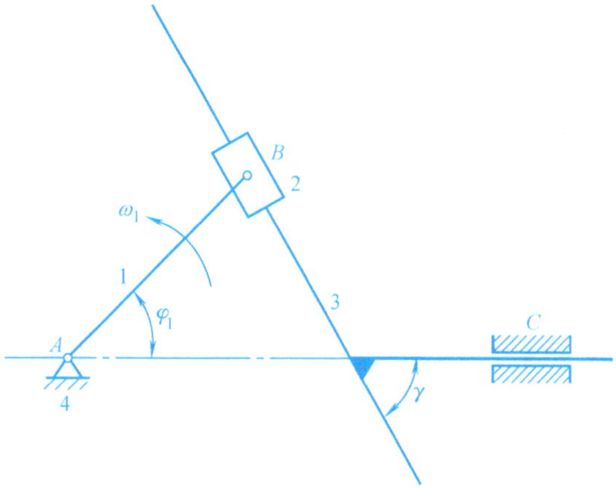

班级		成绩	
姓名		任课教师	
学号		批改日期	

第四章 平面机构的力分析、摩擦及机械的效率

4-1 判断题（正确的在（　　）中填√，错误的填×）

（1）移动副在材料、外载荷相同的情况下，槽面接触、圆柱面接触比单一平面接触的摩擦力大，其原因是摩擦系数大。（　　）

（2）引入当量摩擦系数的主要目的是方便受力分析，使问题简化。（　　）

（3）在考虑摩擦时，移动副中的总反力方向恒与相对运动方向成钝角。（　　）

（4）在考虑摩擦时，转动副中的总反力方向恒切于摩擦圆。（　　）

（5）自锁的机械一定不能运动。（　　）

（6）任何一种机械，只要某一运动副中总作用力作用在摩擦角之内（或与摩擦圆相交），该机械一定自锁。（　　）

（7）理想的驱动力小于实际的驱动力，理想的生产阻力大于实际的生产阻力。（　　）

（8）一般机构正反行程的效率不相等。（　　）

4-2 单项选择题

（1）运动副元素的材料一定时，当量摩擦系数取决于____。

A. 运动副元素的几何形状　　B. 运动副元素间的相对速度大小
C. 运动副元素间作用力大小　　D. 运动副元素间温差大小

（2）机械的自锁与____有关。

A. 力的大小　B. 力的方向　C. 机构的几何形状　D. B 和 C

（3）对于单自由度的机械其自锁条件是____。

A. 总作用力作用在摩擦角之内（或与摩擦圆相交）
B. 效率小于等于零
C. 阻力小于等于零
D. A、B、C 任一均可

（4）为提高螺旋传动的效率，应采用____。

A. 管螺纹　B. 单线螺纹　C. 单线矩形螺纹　D. 多线矩形螺纹

（5）为提高螺纹联接的可靠性，应采用____。

A. 单线管螺纹　B. 多线管螺纹　C. 矩形螺纹　D. 梯形螺纹

（6）在下列四个措施中，____不能降低轴颈中的摩擦力矩。

A. 减小轴颈的直径　　B. 加注润滑油
C. 提高加工精度　　D. 增加轴颈的长度

（7）机械中采用环形轴端支承的原因是____。

A. 加工方便　　B. 避免轴端中心压强过大
C. 便于磨合轴承端面　　D. 提高承载能力

（8）如图 4-1 所示轴颈 1 与轴承 2 组成转动副，虚线圆为摩擦圆，半径为 ρ，运动着的轴颈 1 受驱动力 F_d 的作用，则轴颈 1 ____。

A. 等速运动　B. 加速运动　C. 减速运动　D. 静止不动

（9）如图 4-2 所示直径为 d 的轴颈 1 与轴承 2 组成转动副，摩擦圆半径为 ρ，载荷为 F_r，驱动力矩为 M_d，欲使轴颈加速转动，则应使____；欲使轴颈等速转动，则应使____。

A. $M_d = F_r d/2$　B. $M_d > F_r d/2$　C. $M_d = F_r \rho$　D. $M_d > F_r \rho$

班级		成绩	
姓名		任课教师	
学号		批改日期	

（10）如图 4-3 所示，轴颈 1 与轴承 2 组成转动副，虚线圆为摩擦圆，半径为 ρ，轴颈 1 受到驱动力 F_d 的作用，则轴颈 1 ____。

A. 等速运动　　B. 加速运动　　C. 减速运动　　D. 静止不动

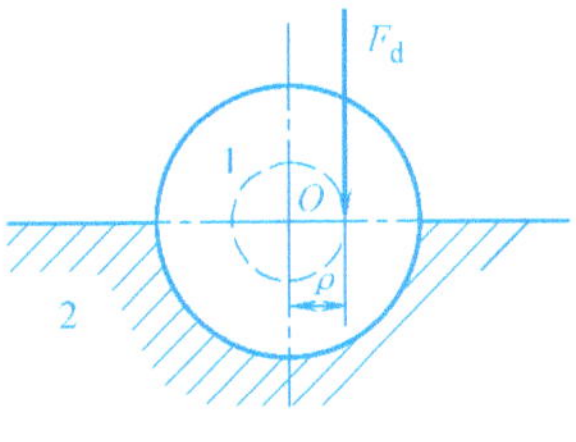

图 4-1

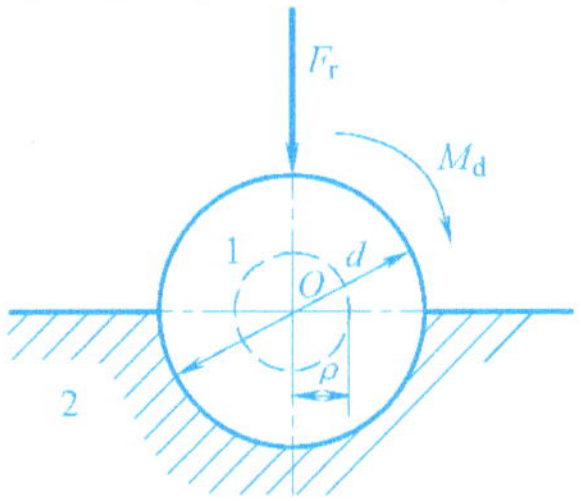

图 4-2

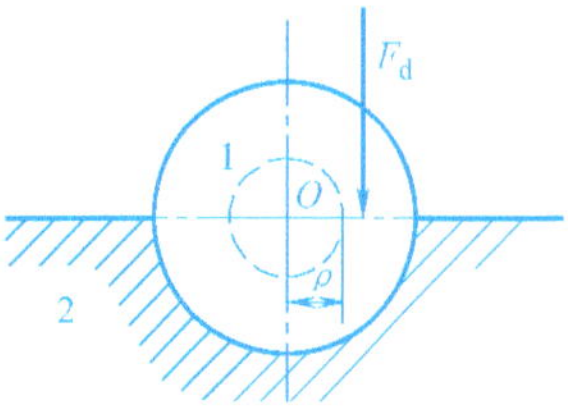

图 4-3

（11）在由若干机器并联构成的机组中，若这些机器的单机效率均不相同，其中最高效率和最低效率分别为 η_{max} 和 η_{min}，则机组的总效率 η 必有如下关系：________。

A. $\eta<\eta_{min}$　　B. $\eta>\eta_{max}$　　C. $\eta_{min}\leqslant\eta\leqslant\eta_{max}$　　D. $\eta_{min}<\eta<\eta_{max}$

（12）在由若干机器并联构成的机组中，若这些机器中单机效率相等，均为 η_0，则机组的总效率 η 必有如下关系：________。

A. $\eta>\eta_0$　　B. $\eta<\eta_0$

C. $\eta=\eta_0$　　D. $\eta=\eta_0^n$（n 为单机台数）

（13）在由若干机器串联构成的机组中，若这些机器的单机效率均不相同，其中最高效率和最低效率分别为 η_{max} 和 η_{min}，则机组的总效率 η 必有如下关系：________。

A. $\eta<\eta_{min}$　　B. $\eta>\eta_{max}$　　C. $\eta_{min}\leqslant\eta\leqslant\eta_{max}$　　D. $\eta_{min}<\eta<\eta_{max}$

（14）反行程自锁的机构，正行程效率____，反行程效率____。

A. $\eta>1$　　B. $\eta=1$　　C. $0<\eta<1$　　D. $\eta\leqslant0$

（15）自锁机构一般是指____的机构。

A. 正行程自锁反行程不自锁　　B. 反行程自锁正行程不自锁

C. 正反行程都自锁

（16）在螺旋传动中，在其他条件相同的情况下，矩形螺旋与三角形螺旋相比，前者____。

A. 效率较高，自锁性也较好　　B. 效率较低，但自锁性较好

C. 效率较高，但自锁性较差　　D. 效率较低，自锁性也较差

（17）一台机器空运转，对外不做功，此时机器的效率____。

A. 大于零　　B. 小于零　　C. 等于零　　D. 大小不一定

（18）机械在 Δt 时间间隔内动能的增量 $\Delta E>0$，Δt 时间间隔内输出功与输入功之比____。

A. 等于机械的效率　　B. 大于机械的效率

C. 小于机械的效率

（19）机械在 Δt 时间间隔内动能的增量 $\Delta E<0$，Δt 时间间隔内输出功与输入功之比____。

A. 等于机械的效率　　B. 大于机械的效率

C. 小于机械的效率

班级		成绩	
姓名		任课教师	
学号		批改日期	

4-3 图示为一机床的矩形—V 形导轨副，拖板 1 与导轨 2 组成复合移动副。已知拖板 1 的移动方向垂直纸面，重心在 S 处，几何尺寸如图所示，各接触面间的摩擦因数为 f。试求导轨副的当量摩擦因数 f_V。

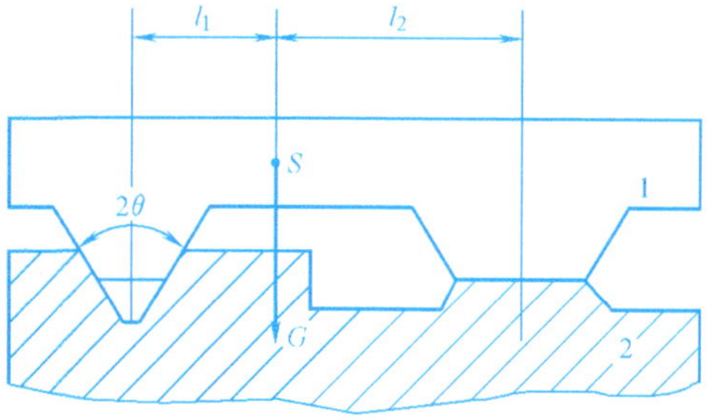

4-4 在图示楔块机构中，已知：$\alpha=\beta=60°$，$Q=1000\text{N}$，各接触面间的摩擦系数 $f=0.15$。Q 为生产阻力，试求所需的驱动力 F（画出力矢量多边形，用正弦定理求解）。

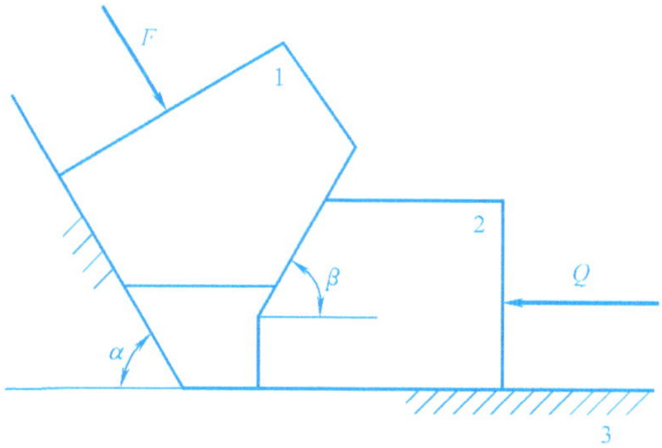

班级		成绩	
姓名		任课教师	
学号		批改日期	

4-5 图示曲柄滑块机构中，设已知机构尺寸，图中虚线圆为摩擦圆，滑块与导路的摩擦角为 φ，生产阻力为 Q，驱动力矩为 M。试在下列各机构位置简图中画出各运动副中的反力方向（必须注明力矢量的下角标）。

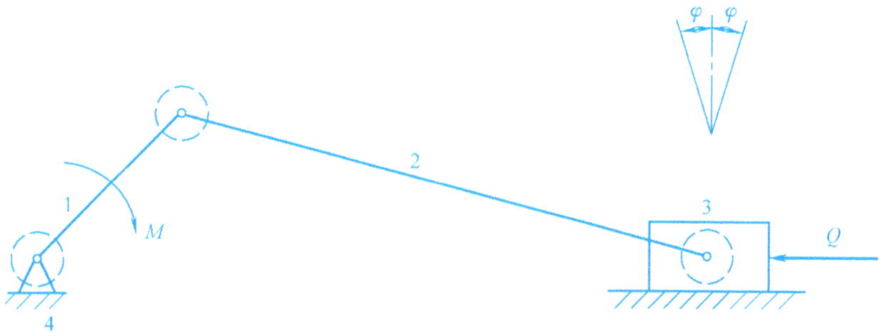

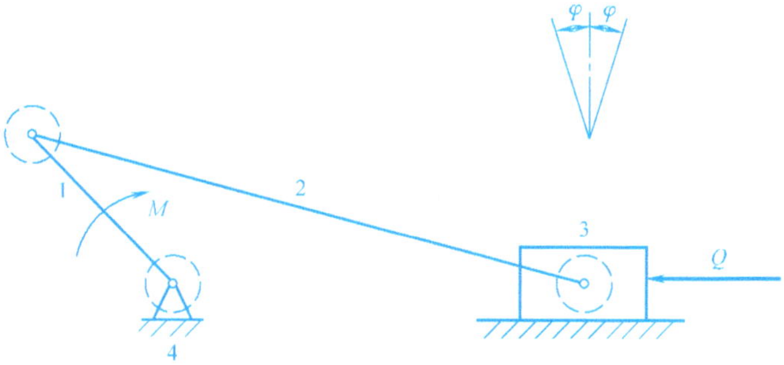

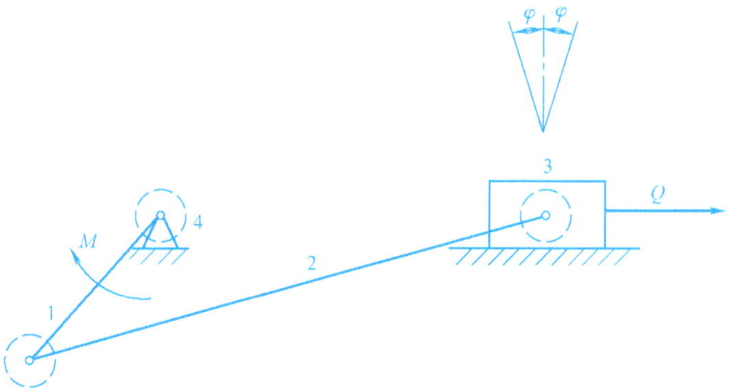

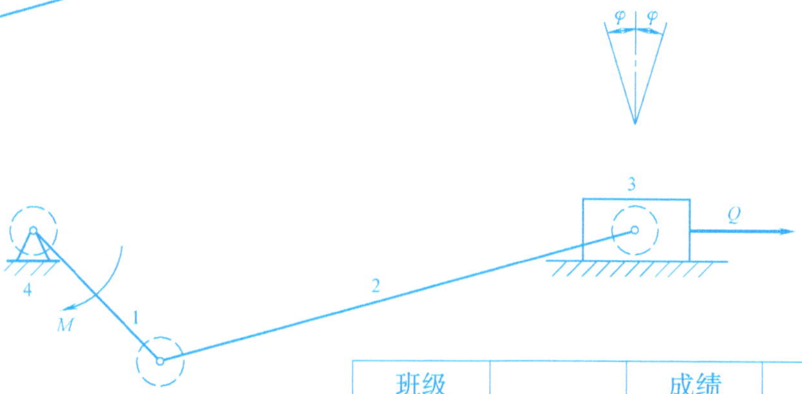

班级		成绩	
姓名		任课教师	
学号		批改日期	

4-6 图示曲柄滑块机构中，设已知机构尺寸，图中虚线圆为摩擦圆，滑块与导路的摩擦角为 φ，F 为驱动力，Q 为生产阻力。试分别在下面两个机构位置简图中画出各运动副中的反力方向（必须注明力矢量的下角标）。

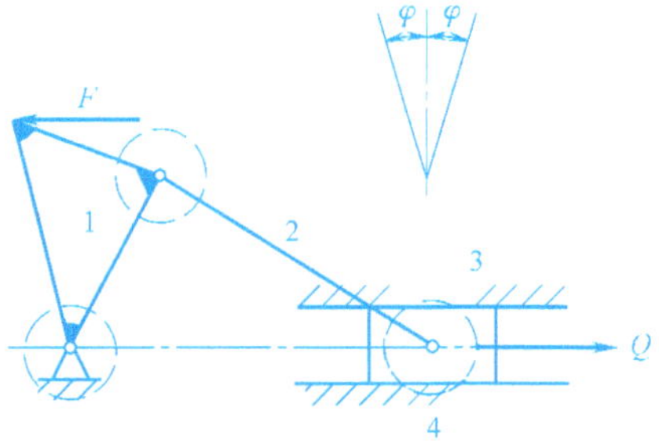

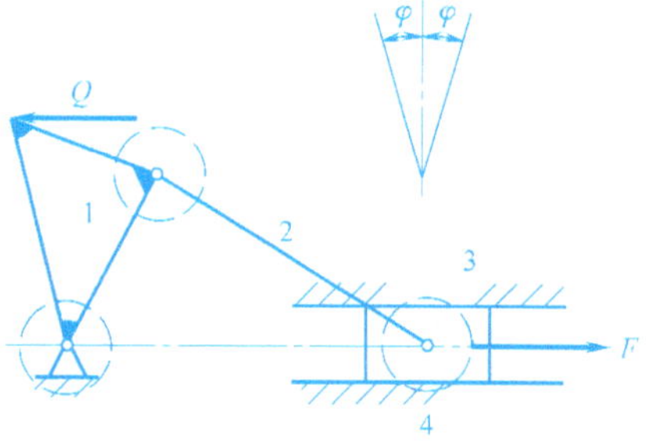

4-7 图示偏心圆盘凸轮机构中，已知各构件的尺寸，作用在从动件上的生产阻力 Q，凸轮的惯性力 F_{i1}，运动副 B 的摩擦角为 φ。凸轮以等角速度 ω_1 逆时针方向回转。试求：(1) 各运动副中的反力。(2) 需加在凸轮轴上的平衡力矩 M_1（在图上画出各运动副的反力，注明下角标，并列出力平衡方程式；画出力矢量多边形，已知力大小按图示长度画）。

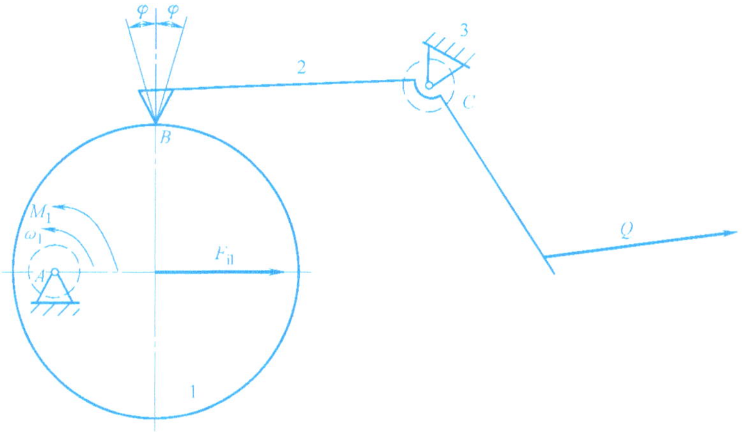

班级		成绩	
姓名		任课教师	
学号		批改日期	

4-8 在图示机构中，已知原动件 1 在驱动力矩 M_d 的作用下等速转动，ω_1 如图所示。作用在从动件 2 上的生产阻力为 Q，图中虚线圆为摩擦圆，运动副 C 的摩擦角为 φ。试在图上画出各运动副的反力（注明下角标），写出构件 2 的力平衡方程式，并画出力矢量多边形。

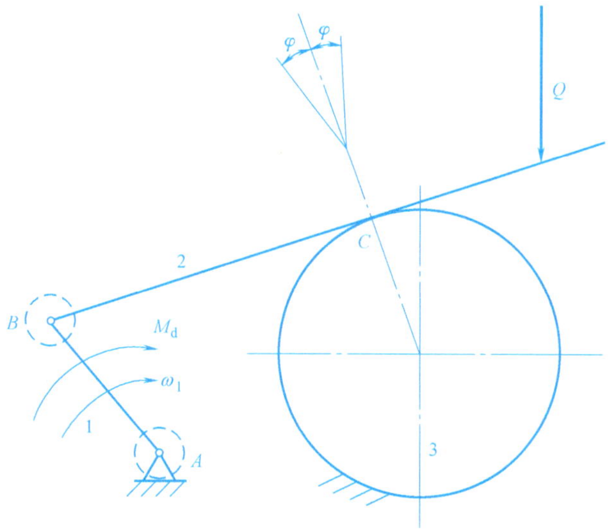

4-9 图示导杆机构，杆 1 主动，在杆 3 的 D 点作用生产阻力 Q。要求在图上画出各运动副中总反力的作用线及方向，并写出应加于构件 1 上驱动力矩 M_d 的表达式，并指出方向。图中虚线圆为摩擦圆，运动副 B 的摩擦角为 φ。

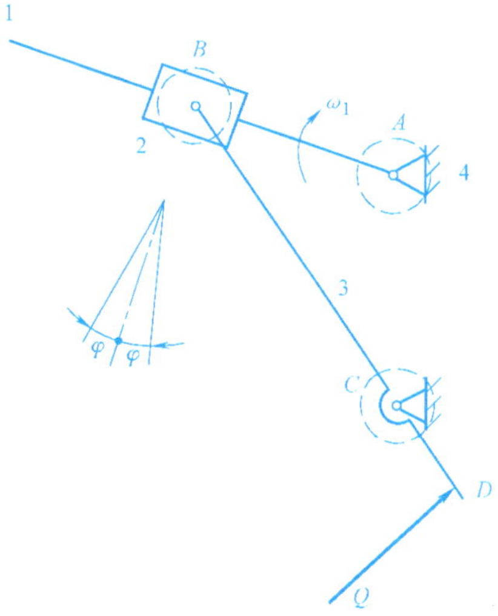

班级		成绩	
姓名		任课教师	
学号		批改日期	

4-10 在图示由构件 1、2、3、4 所组成的杠杆机构中，虚线圆为摩擦圆，半径为 ρ，F 为驱动力，Q 为生产阻力（力 F、Q 方向垂直向下，其方位线由力平衡条件确定），杠杆处于水平位置。试在图上画出各运动副的反力（注明下角标），并求该杠杆机构的瞬时效率。

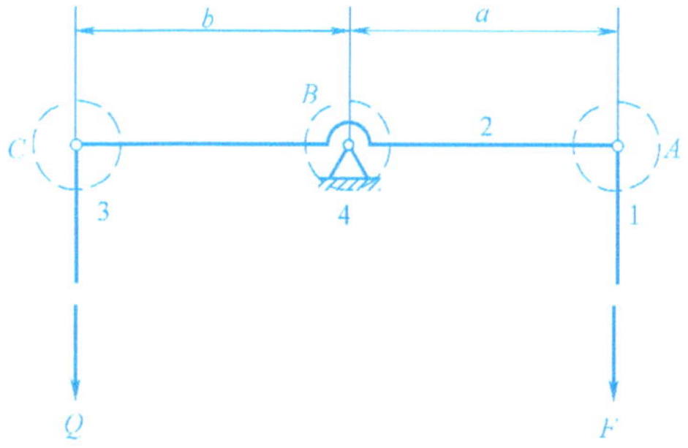

4-11 在图示斜面机构中，设已知摩擦面间的摩擦系数 $f=0.2$。求在力 Q 作用下（反行程）机构的临界自锁条件和在此条件下正行程（在力 F 作用下）的效率。

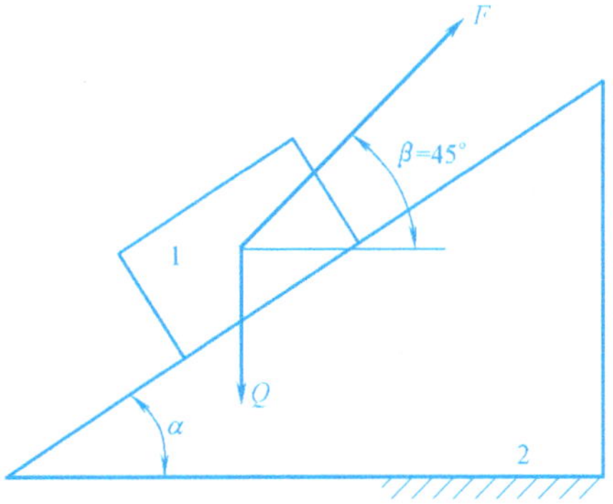

班级		成绩	
姓名		任课教师	
学号		批改日期	

4-12 在图示夹紧机构中，已知各构件的尺寸，图中虚线圆为摩擦圆。用图解法求：

(1) 在图示位置欲产生夹紧力 $Q=100\text{N}$ 所需的驱动力 F；

(2) 该机构在瞬时位置的效率 η。

(注：构件 2、4 之间摩擦不计，规定力比例 $\mu_F=2\text{N/mm}$。)

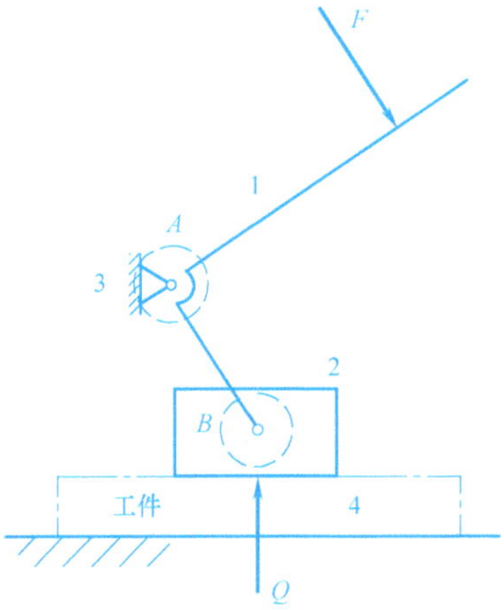

4-13 图示曲柄滑块机构，转动副 A、B、C 处的摩擦圆及移动副的摩擦角 φ 如图所示。已知滑块 3 为原动件，所加驱动力 $F=80\text{N}$。阻力矩 M_r 作用于曲柄 AB 上，试用图解法求：

(1) 所能克服阻力矩 M_r 的大小和方向。

(2) 机构的瞬时效率 η。

$$\mu_l=0.001\ \frac{\text{m}}{\text{mm}}$$

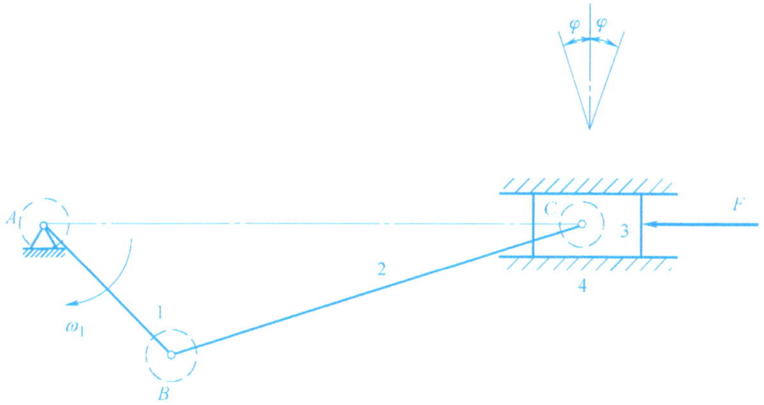

班级		成绩	
姓名		任课教师	
学号		批改日期	

4-14 图示矩形螺纹千斤顶中，已知螺纹大径 $d=24\mathrm{mm}$、小径 $d_1=20\mathrm{mm}$、螺距 $p=4\mathrm{mm}$；顶头环形摩擦面 A 的外径 $D=30\mathrm{mm}$，内径 $d_0=15\mathrm{mm}$，手柄长度 $l=300\mathrm{mm}$，所有摩擦系数均为 $f=0.1$。求该千斤顶的效率 η（A 面按新轴端考虑）。又若 $F=100\mathrm{N}$，求能举起的重量 Q 为多少。

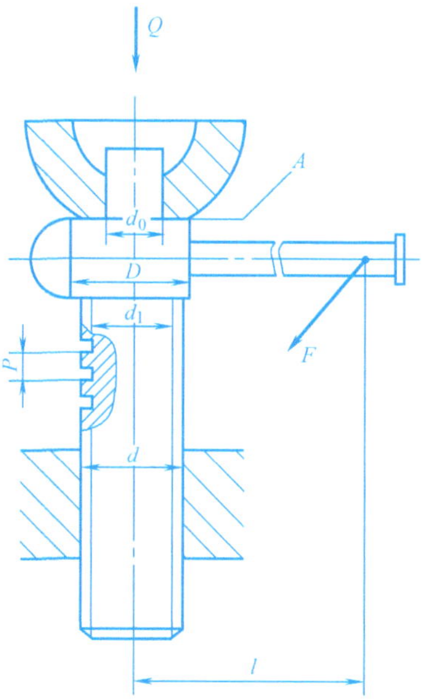

班级		成绩	
姓名		任课教师	
学号		批改日期	

4-15 图示机构中移动副的摩擦系数$f=0.1$，转动副的当量摩擦系数$f_v=0.1$，绳的两直线部分与斜面平行，且绳与滑轮间无滑动，滑轮半径 $R=100$mm，轴颈半径 $r=30$mm，滑块重 $Q=1000$N，斜面倾角 $\alpha=30°$，楔形半角 $\theta=60°$。求使滑块 2 匀速上升所需要的拉力 F 及机构的效率 η。

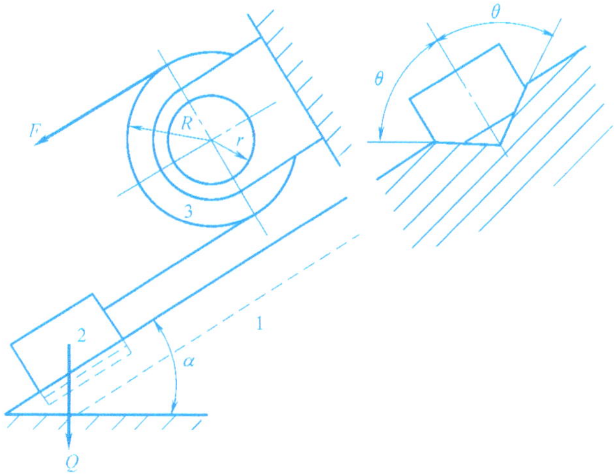

班级		成绩	
姓名		任课教师	
学号		批改日期	

4-16 图示为一带式运输机，由电动机 1 经带传动及一个两级齿轮减速器带动运输带 8。设已知运输带 8 所需的曳引力 $F=5500\text{N}$，运送速度 $v=1.2\text{m/s}$。带传动（包括轴承）的效率 $\eta_1=0.95$，每对齿轮（包括轴承）的效率 $\eta_2=0.97$，运输带 8 的效率 $\eta_3=0.92$。试求该系统的总效率 η 及电动机所需的功率。

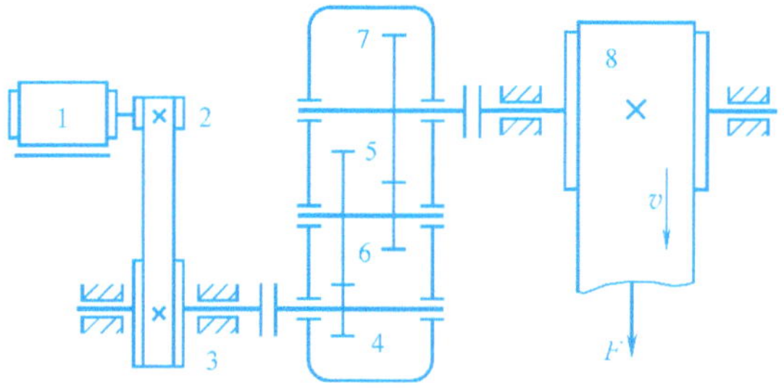

4-17 如图所示，电动机通过带传动及锥齿轮、圆柱齿轮传动带动工作机 A 和 B。设每对齿轮（包括轴承）的效率 $\eta_1=0.97$，带传动（包括轴承）的效率 $\eta_2=0.92$，工作机 A、B 的功率分别为 $P_A=5\text{kW}$，$P_B=1\text{kW}$，效率分别为 $\eta_A=0.8$，$\eta_B=0.5$，试求传动系统总效率及电动机所需的功率。

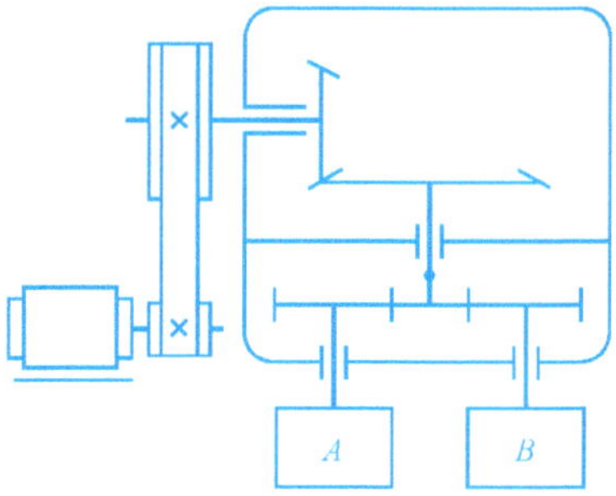

班级		成绩	
姓名		任课教师	
学号		批改日期	

4-18 图示为一焊接用的楔形夹具。利用这个夹具把两块要焊的工件 1 及 1′预先夹妥，以便焊接。图中 2 为夹具体，3 为楔块。试确定此夹具的自锁条件（即当夹紧后，楔块 3 不会自动松脱出来的条件）。

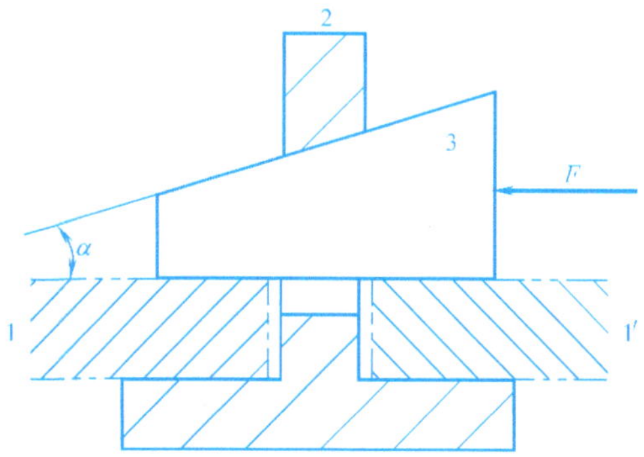

4-19 在图示夹紧机构中，虚线圆为摩擦圆，φ 为摩擦角，试用图解法：

（1）求出在图示位置欲产生 $Q=400\mathrm{N}$ 的法向预紧力，需要加在手柄上的力 F 为多少？

（2）判断当力 F 去掉后，该机构是否自锁？为什么？

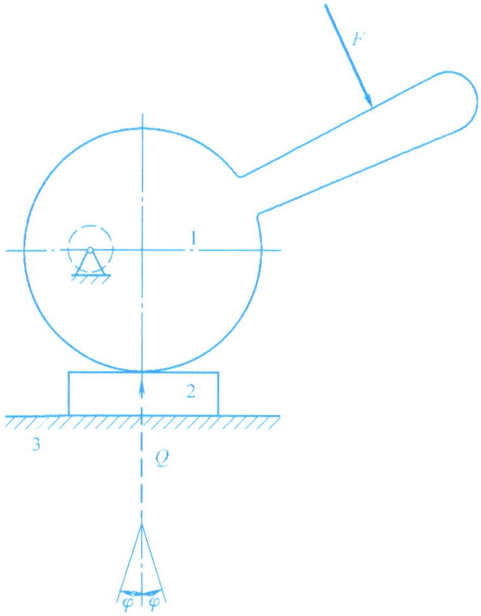

班级		成绩	
姓名		任课教师	
学号		批改日期	

4-20 在图示的缓冲器中，若已知各楔块接触面间的摩擦因数f及弹簧的压力Q，试求当楔块2、3被等速推开和等速恢复原位时力F的大小、该机构的效率以及此缓冲器正反行程不发生自锁的条件。

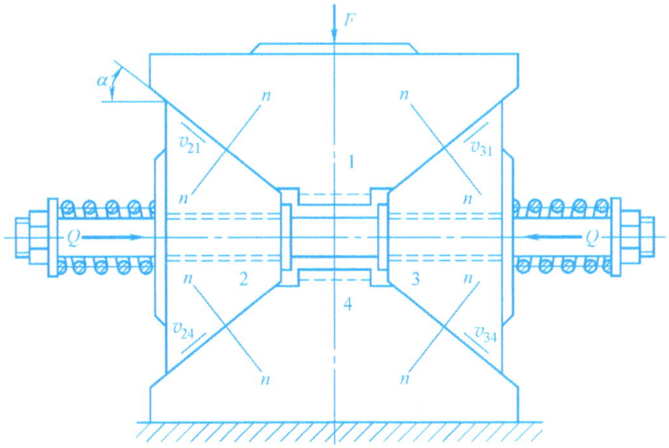

班级		成绩	
姓名		任课教师	
学号		批改日期	

第五章　平面连杆机构及其设计

5-1　判断题（正确的在（　　）中填√，错误的填×）

（1）铰链四杆机构中存在曲柄时，曲柄一定是最短构件。（　　）

（2）铰链四杆机构中若最短杆和最长杆长度之和小于其他两杆长度之和时，则机构中一定有曲柄存在。（　　）

（3）曲柄摇杆机构只能将回转运动转换为往复摆动。（　　）

（4）在图5-1所示铰链四杆机构 $ABCD$ 中，适当选取杆长 BC，就能获得曲柄摇杆机构。（　　）

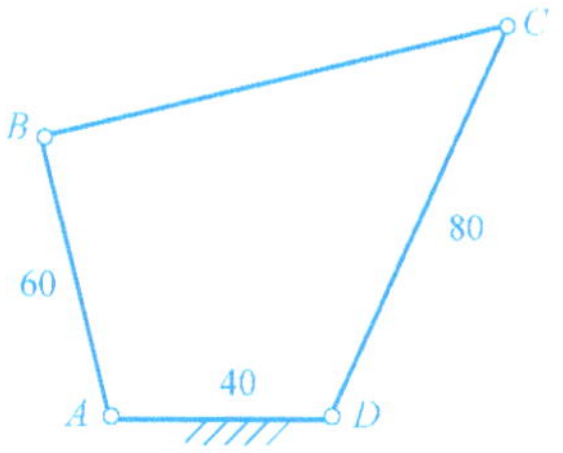

图5-1

（5）设计连杆机构时，为了具有良好的传力性能，应使传动角大一些。（　　）

（6）图5-2所示六杆机构，当原动曲柄 AB 等速运动时，滑块的行程速比系数 $K>1$。（　　）

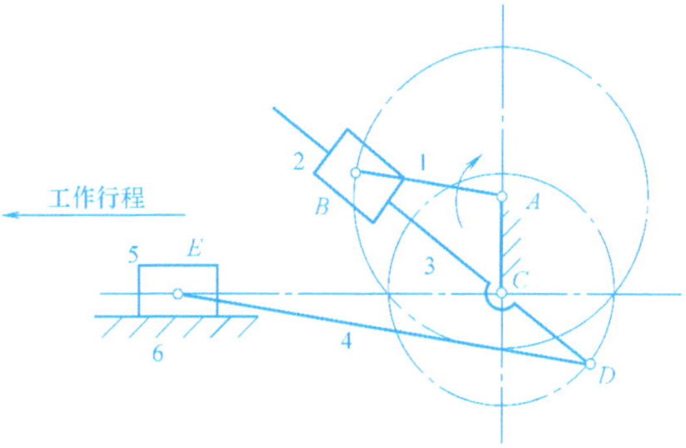

图5-2

（7）铰链四杆机构在死点位置时，驱动力任意增加也不能使机构产生运动。（　　）

（8）在单缸内燃机中若不计运动副中的摩擦，则活塞在任何位置均可驱动曲柄。（　　）

（9）任何平面四杆机构出现死点位置时，都是不利的，因此应设法避免。（　　）

（10）增大构件的惯性，是机构通过死点位置的唯一办法。（　　）

班级		成绩	
姓名		任课教师	
学号		批改日期	

5-2 填空题

(1) 曲柄滑块机构是改变曲柄摇杆机构中的____________________而演化形成的。在曲柄滑块机构中改变____________________而演化形成偏心轮机构，改变____________________而得到曲柄摇块机构。

(2) 铰链四杆机构中，已知 $l_{AB}=240\text{mm}$，$l_{BC}=600\text{mm}$，$l_{CD}=400\text{mm}$，$l_{AD}=500\text{mm}$，当取杆 AD 为机架时，________曲柄存在，__________杆为曲柄，此时该机构为________机构；要使该机构成为双曲柄机构，则应取____为机架；要使该机构成为双摇杆机构，则应取____为机架。

(3) 曲柄摇杆机构以曲柄为原动件时，最小传动角出现在____与____两次共线的位置之一。

(4) 在常用的四杆机构中，能实现急回运动的机构有______________、______________、______________。

(5) 常用的四连杆机构中，能将回转运动变换为往复摆动的机构有______________、______________；能把回转运动转换成直线运动的机构有____________、____________。

(6) 曲柄滑块或曲柄摇杆机构，当曲柄作________运动且________时，机构具有急回特性。

(7) 曲柄摇杆机构中，已知曲柄等速转动，机构的极位夹角 $\theta=30°$，摇杆空回行程所用时间 $t_{回}=5\text{s}$，则摇杆的工作行程所用时间 $t_{工}=$________ s。

(8) 四杆机构中，以________运动的构件为主动件，且____________处于共线位置时，机构处于死点位置。

(9) 运用机构倒置法求活动铰链的三个步骤为：________、________、________；应选择________且________的构件作为“新机架”。

(10) 铰链四杆机构连杆点轨迹的形状和位置取决于________个机构参数；用铰链四杆机构能精确再现________个给定的连杆平面位置。

5-3 图示的铰链四杆机构中，已知 l_{AB}、l_{BC}、l_{CD}的长度，要获得双摇杆机构，试确定 l_{AD}的取值范围。

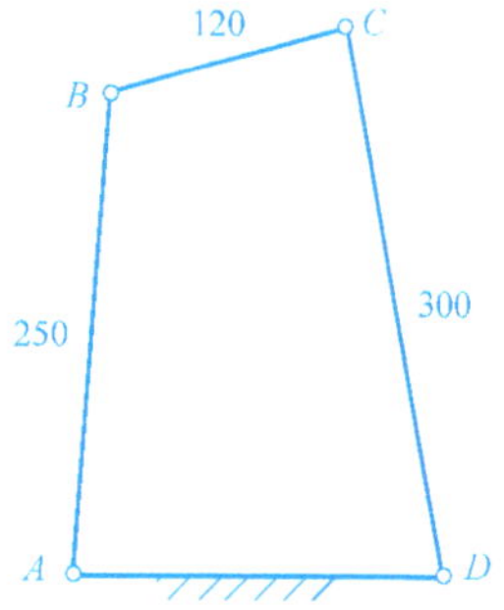

班级		成绩	
姓名		任课教师	
学号		批改日期	

5-4 试分别标出下列机构图示位置时的压力角 α 和传动角 γ，箭头标注的构件为主动件。

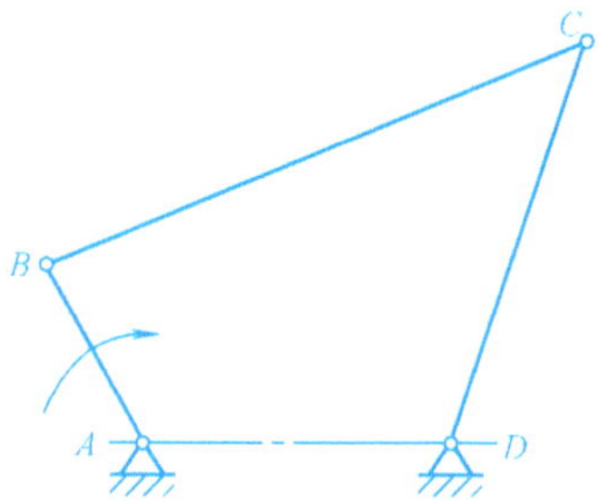

a)

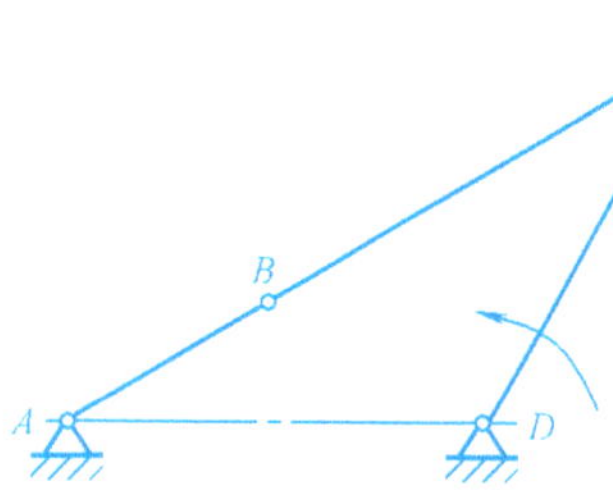

b)

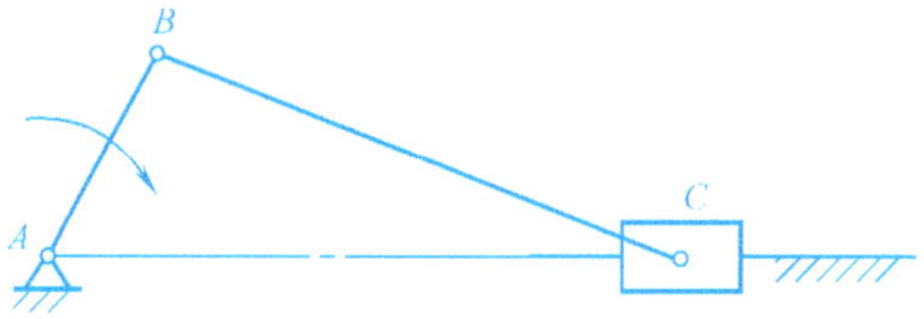

c)

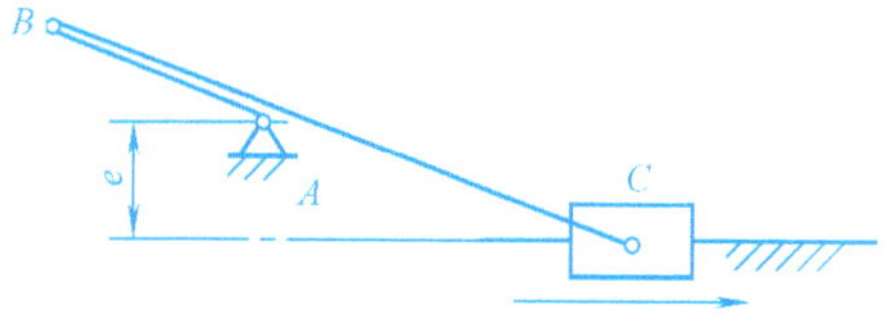

d)

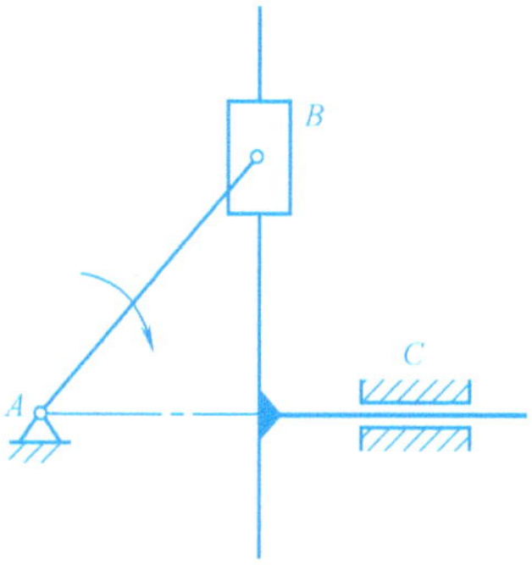

e)

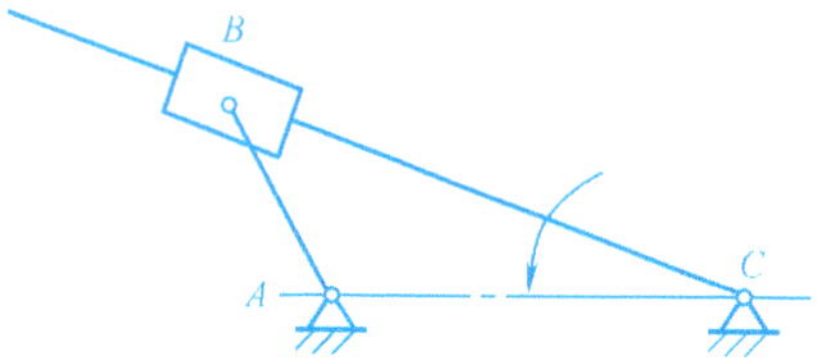

f)

班级		成绩	
姓名		任课教师	
学号		批改日期	

5-5 在下列图示的各机构中，已知各构件的尺寸（比例尺 $\mu_l = 0.0025\text{m/mm}$），要求：

（1）给出各机构的名称。

（2）杆 AB 为主动件，当其顺时针转动时，机构是否存在急回运动？若存在，试用作图法确定其极位夹角 θ，计算其行程速比系数 K，并确定从动件工作行程的运动方向。

（3）杆 AB 为主动件时，求作最小传动角 γ_{min}（或最大压力角 α_{max}）。

（4）机构是否存在死点位置？若存在，试说明存在的条件和相应的位置。

机构简图	机构名称及其他
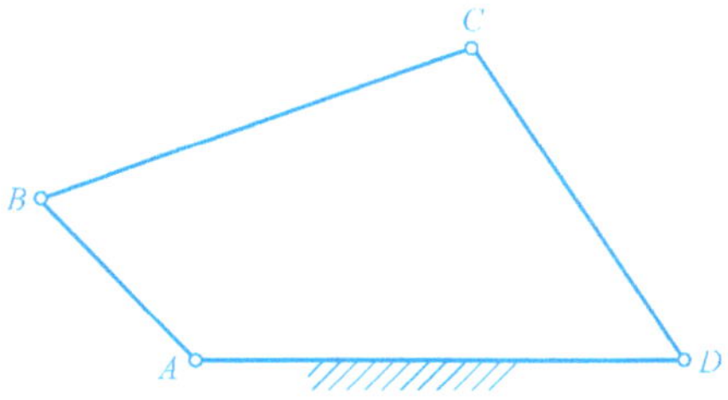 a)	名称：________机构 $\theta =$ $K =$ 从动件工作行程的运动方向：____ 存在死点位置的条件：________ 死点位置：________、________
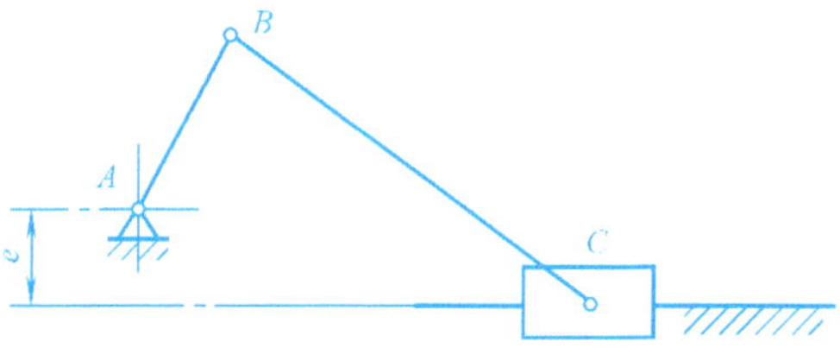 b)	名称：________机构 $\theta =$ $K =$ 从动件工作行程的运动方向：____ 存在死点位置的条件：________ 死点位置：________、________
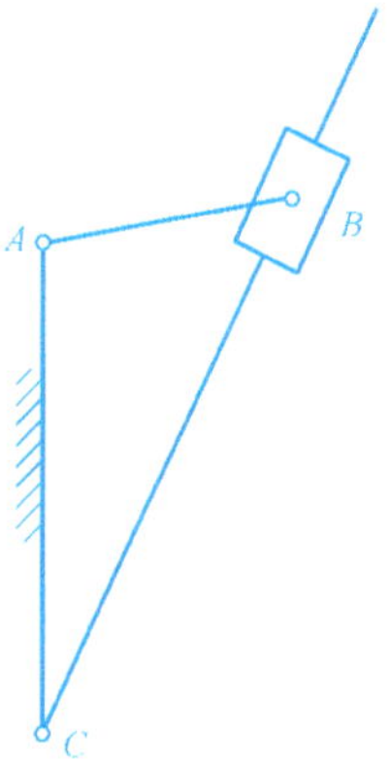 c)	名称：________机构 $\theta =$ $K =$ 从动件工作行程的运动方向：____ 存在死点位置的条件：________ 死点位置：________、________

班级		成绩	
姓名		任课教师	
学号		批改日期	

5-6 现欲设计一铰链四杆机构。已知其摇杆 CD 的长度 $l_{CD}=75\text{mm}$，行程速比系数 $K=1.5$，机架 AD 的长度 $l_{AD}=100\text{mm}$，摇杆的一个极限位置与机架间的夹角 $\psi=45°$，试求曲柄 AB 的长度和连杆 BC 的长度（有两个解）。

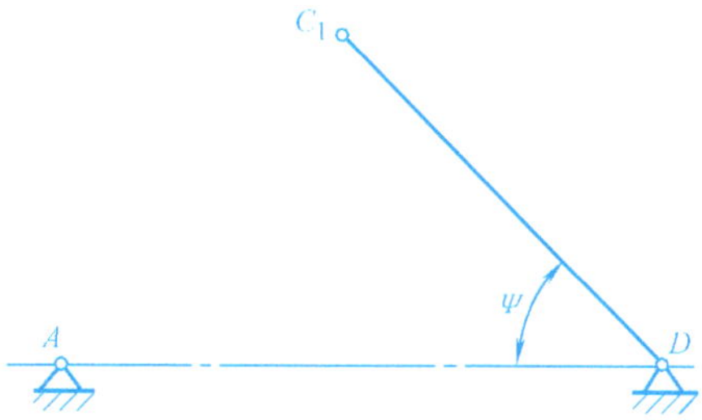

$\mu_l=0.002\ \frac{\text{m}}{\text{mm}}$

（单位：mm）

	l_{AB}	l_{BC}
解 1		
解 2		

5-7 设计一曲柄摇杆机构。当曲柄为主动件，从动摇杆处于两极限位置时，连杆的两个铰链点的连线正好处于图示之 C_1 Ⅰ、C_2 Ⅱ位置，且连杆处于位置 C_1 Ⅰ时机构的压力角为 40°。若连杆与摇杆的铰接点取在 C 点（即图中的 C_1 或 C_2 点），试用图解法求曲柄 AB、摇杆 CD 和机架 AD 的长度。

$\mu_l=0.001\ \frac{\text{m}}{\text{mm}}$

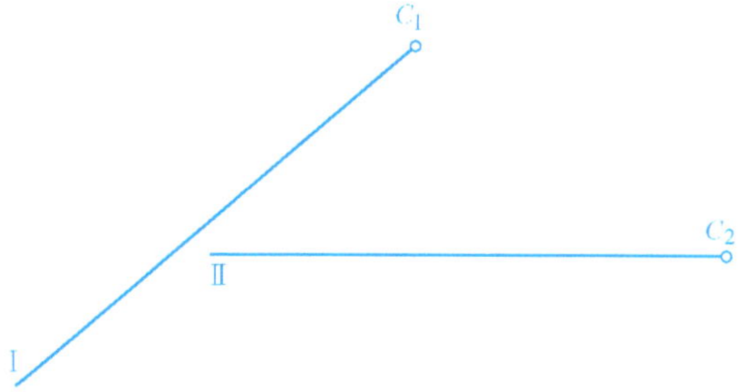

（单位：mm）

l_{AB}	l_{BC}	l_{CD}	l_{AD}

班级		成绩	
姓名		任课教师	
学号		批改日期	

5-8 图 a 所示为实验用小电炉的炉门启闭机构。炉门关闭时在位置 E_1，敞开时在位置 E_2，试设计一铰链四杆机构来实现炉门启闭的操作。

（1）按已选定炉门上的两个铰链 B 和 C 的位置，且 A、D 选在 yy 线上（图 b）；

（2）按已选定炉壁上的两个固定铰链 A 和 D 的位置，且 B、C 位于炉门上的 xx 线上（图 c）。

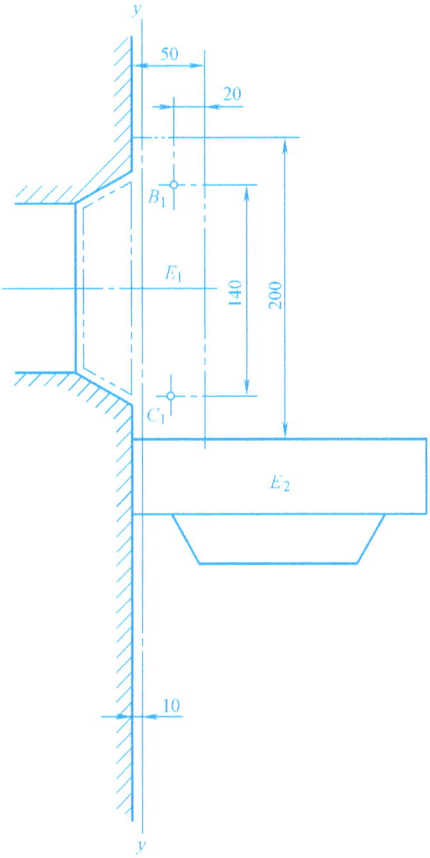

b)

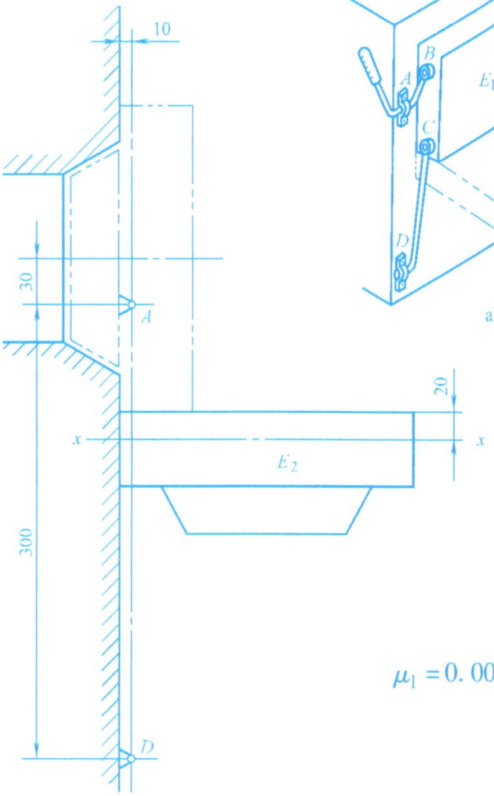

c)

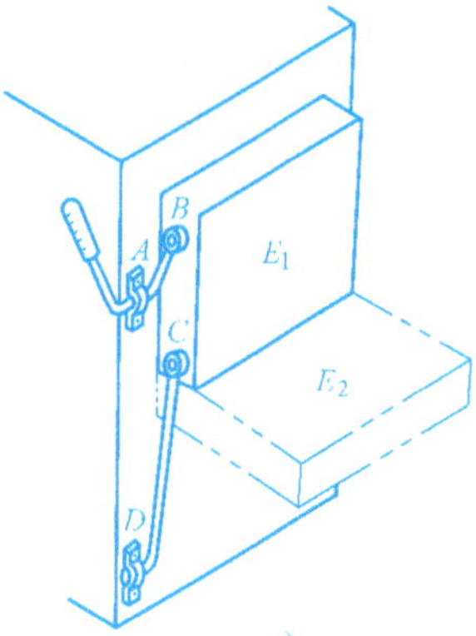

a)

$\mu_l = 0.005 \frac{m}{mm}$

简要作图步骤：

（1） （2）

（单位：mm）

l_{AB}		l_{AB}		班级		成绩	
l_{AD}		l_{BC}		姓名		任课教师	
l_{CD}		l_{CD}		学号		批改日期	

5-9 图 a 所示为机床变速箱操纵机构的示意图。已知滑动齿轮行程 $H=60\text{mm}$，$l_{DE}=100\text{mm}$，$l_{CD}=120\text{mm}$，$l_{AD}=250\text{mm}$，其相互位置如图。当滑动齿轮在另一端时，操纵手柄为铅垂方向。试用图解法在图 b 中设计此机构，求出杆长 l_{AB}、l_{BC}。

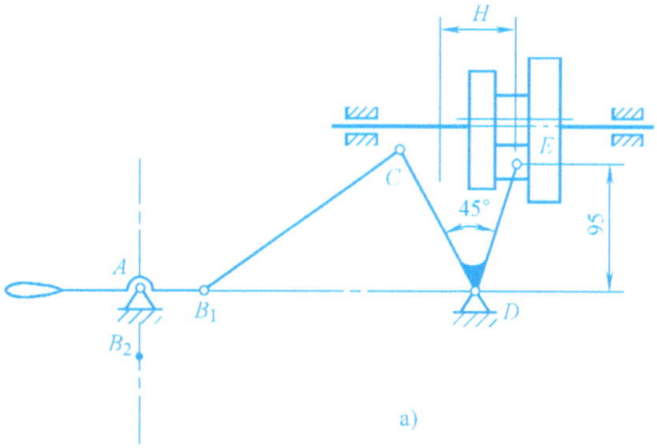

a)

b)

$\mu_l=0.003\ \frac{\text{m}}{\text{mm}}$

简要作图步骤：

（单位：mm）

l_{AB}	l_{BC}

班级		成绩	
姓名		任课教师	
学号		批改日期	

5-10 在图示的铰链四杆机构中，已知 $l_{AB}=30mm$，$l_{AD}=60mm$，$l_{DE}=40mm$，两连架杆之间对应的转角关系如图所示，试用图解法设计此机构（即在 *DE* 构件上求出铰链 *C* 的位置）。（要求保留作图过程线。）

$\mu_l = 0.001\ \frac{m}{mm}$

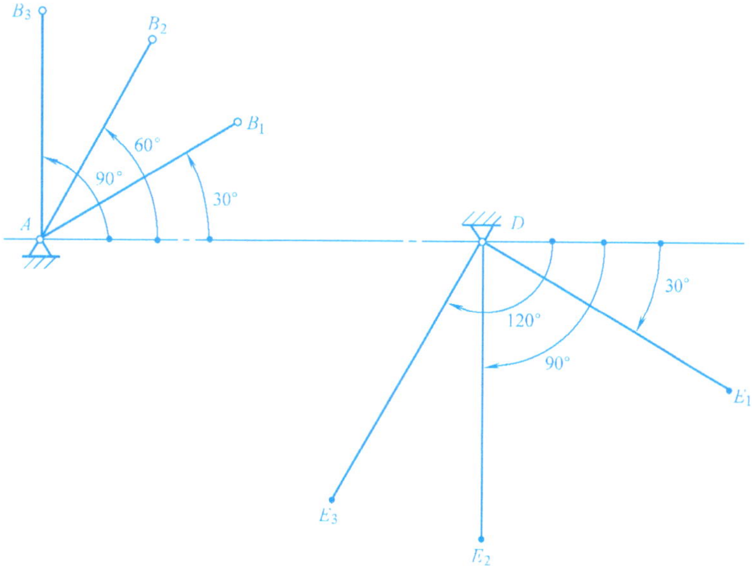

简要作图步骤：

（单位：mm）

l_{BC}	l_{CD}

班级		成绩	
姓名		任课教师	
学号		批改日期	

5-11 图示摇杆滑块机构中，已知 $l_{AE}=35\text{mm}$，偏距 $e=10\text{mm}$，$\omega_1=$常数，摇杆 AE 与滑块 C 的对应转角及位置如图示。试用图解法设计此机构。（要求保留作图过程线。）

$\mu_l=0.001\ \frac{\text{m}}{\text{mm}}$

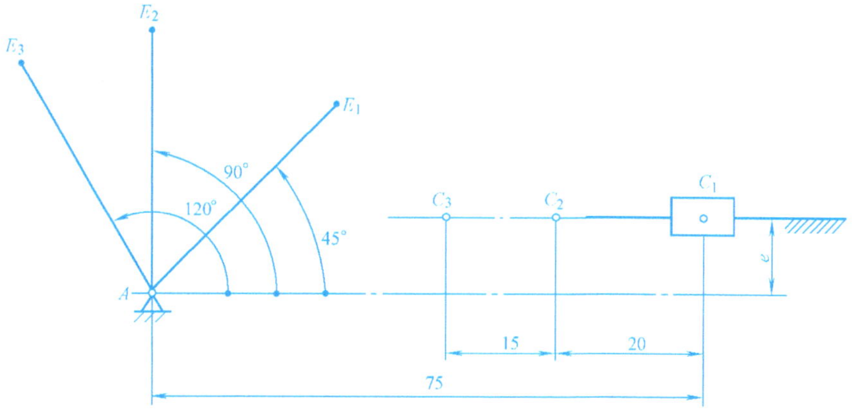

简要作图步骤：

（单位：mm）

l_{AB}	l_{BC}

班级		成绩	
姓名		任课教师	
学号		批改日期	

5-12 已知滑块、连杆的两位置 C_1 Ⅰ、C_2 Ⅱ及固定铰链点 A，且滑块在 C_2 位置时机构处于右极限位置。试用图解法设计此机构，图解出杆长并判断该机构是曲柄滑块机构还是摇杆滑块机构。(要求保留作图过程线。)

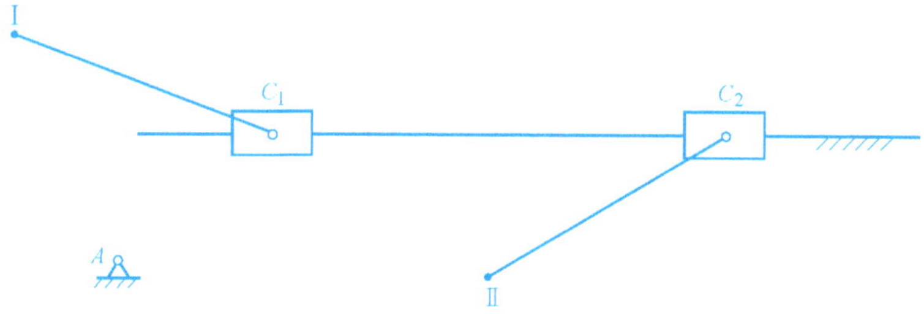

(单位：mm)

l_{AB}	l_{BC}

$\mu_l = 0.001\ \frac{\text{m}}{\text{mm}}$

5-13 已知铰链四杆机构 $ABCD$ 中，固定铰链中心 D 和连杆平面上一标线 BE 的两个位置 B_1E_1、B_2E_2，要求机构在右极限位置 AB_2C_2D 时 CD 处于竖直位置，试用图解法确定铰链中心 A、C 的位置，并判断该机构是否存在曲柄。(要求保留作图过程线。)

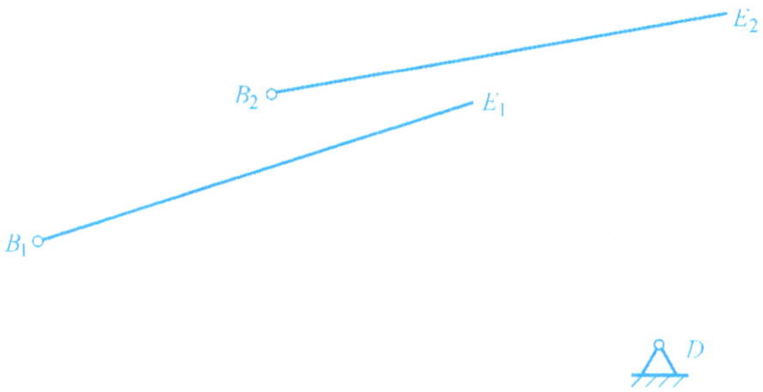

$\mu_l = 0.001\ \frac{\text{m}}{\text{mm}}$

(单位：mm)

l_{AB}	l_{BC}	l_{CD}	l_{AD}

班级		成绩	
姓名		任课教师	
学号		批改日期	

5-14 图中 $ABCD$ 为已知四杆机构，另有一摇杆 EF，其摆动中心 F 的位置如图给定。摇杆 EF 的运动通过铰链 C 传递，要求：当构件 AB 由水平位置顺时针转过 90°时，摇杆 EF 由铅垂位置逆时针转过 45°。试确定铰链 E 的位置，求出连杆 CE 和摇杆 EF 的长度 l_{CE} 和 l_{EF}。

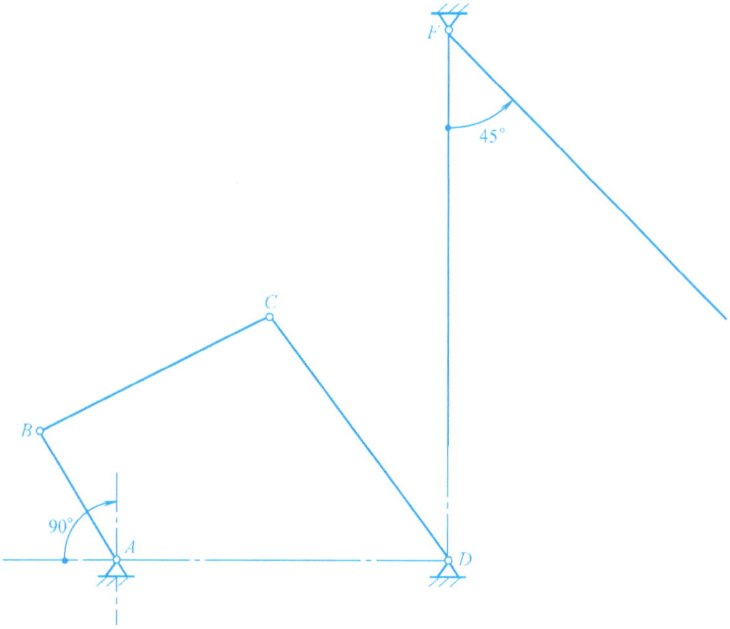

$\mu_l = 0.005 \frac{m}{mm}$

简要作图步骤：

（单位：mm）

l_{CE}	l_{EF}

班级		成绩	
姓名		任课教师	
学号		批改日期	

5-15 图 a 所示为一连杆机构的示意图。当原动件 AB 自 Ay 轴沿顺时针方向转过 $\varphi_{12}=60°$ 时，构件 DC 顺时针方向转过 $\psi_{12}=45°$，恰与 Ax 轴重合。此时，滑块 5 在 Ax 轴上自 E_1 移动到 E_2，其位移 $S_2=20\text{mm}$，滑块 E_1 距点 D 的距离为 $DE_1=60\text{mm}$，$l_{AD}=30\text{mm}$。试用作图法设计此机构。（要求保留作图过程线。）

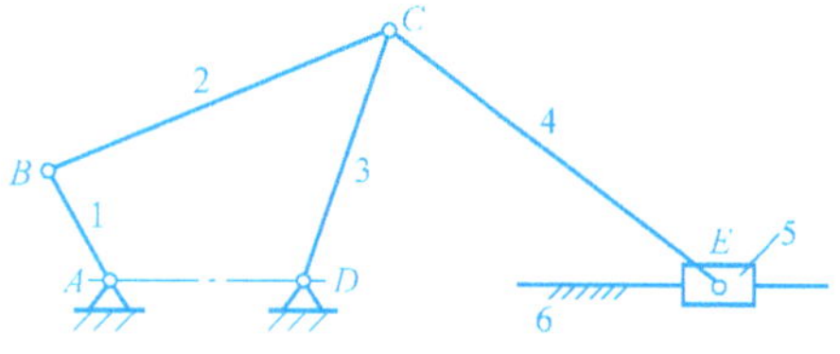

a)

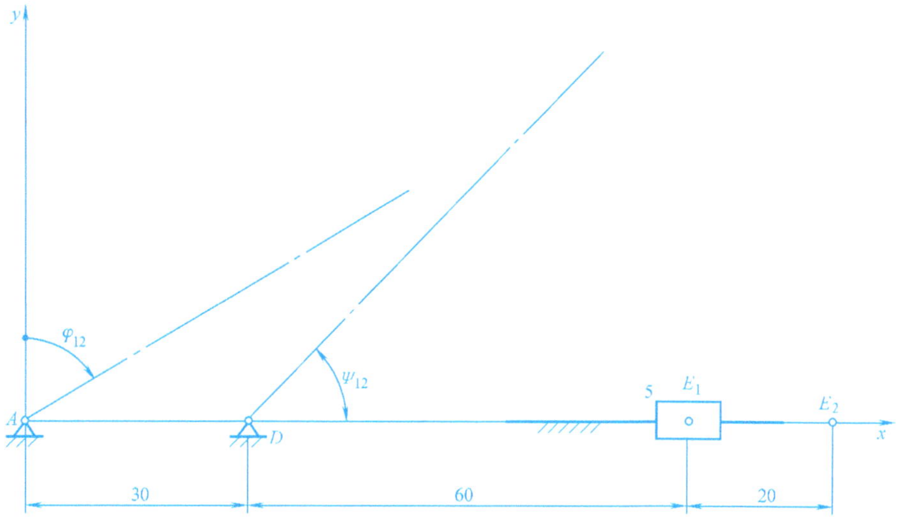

b)

$\mu_1=0.001\ \frac{\text{m}}{\text{mm}}$

简要作图步骤：

（单位：mm）

l_{AB}	l_{BC}	l_{CD}	l_{CE}

班级		成绩	
姓名		任课教师	
学号		批改日期	

5-16 图 a 所示为一割刀机构的示意图。已知固定铰链 A、D 的位置，摇杆 CD 的长度 l_{CD}及其左极限位置 DC_1，割刀 F 的位置和行程 H 如图 b 所示。若要求割刀 F 的行程速比系数 $K=1.4$，试用作图法设计此机构。

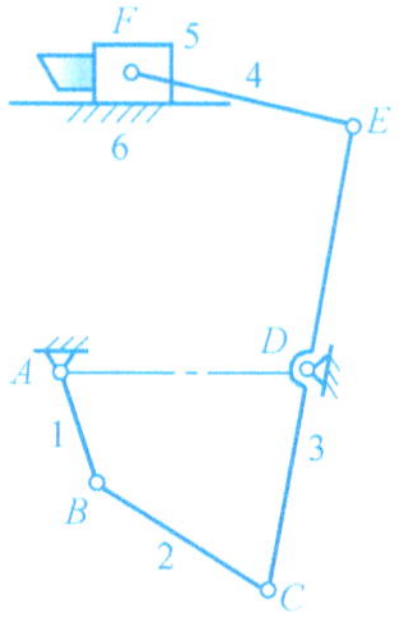

a)

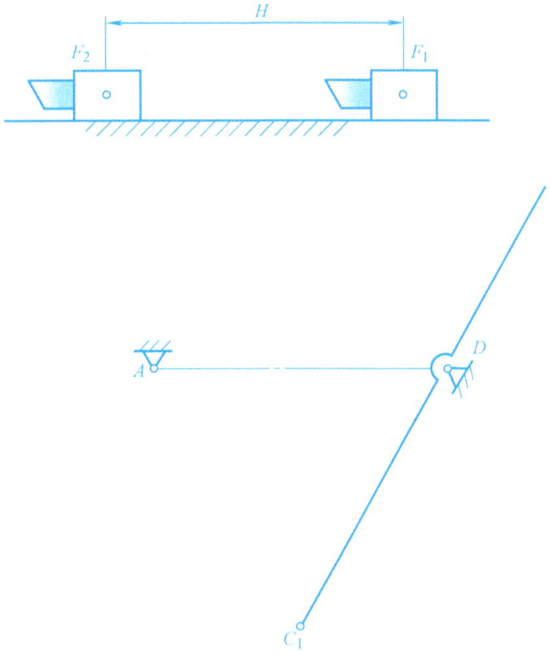

b)

$\mu_l = 0.02\ \frac{\text{m}}{\text{mm}}$

简要作图步骤：

（单位：mm）

l_{AB}	l_{BC}	l_{DE}	l_{EF}

班级		成绩	
姓名		任课教师	
学号		批改日期	

5-17 设计一曲柄摇杆机构。已知其摇杆 CD 的长度 $l_{CD}=300\text{mm}$，摇杆两极限位置之间的夹角 $\psi=32°$，行程速比系数 $K=1.25$，若曲柄长度 $l_{AB}=75\text{mm}$。试求连杆的长度 l_{BC} 和机架的长度 l_{AD}，并校验的最小传动角 γ_{min} 是否在允许值范围内。

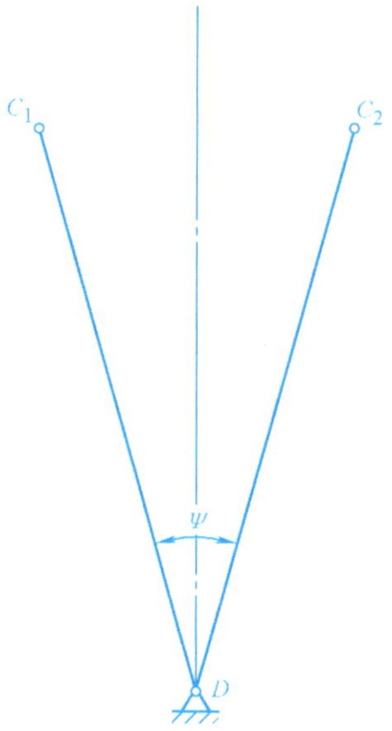

$\mu_l=0.005\ \frac{\text{m}}{\text{mm}}$

简要作图步骤：

l_{BC}/mm	l_{AD}/mm	γ_{min}/(°)

班级		成绩	
姓名		任课教师	
学号		批改日期	

5-18 设计一偏置曲柄滑块机构。已知滑块的行程 $H=50\text{mm}$，行程速比系数 $K=1.4$，导路的偏距 $e=20\text{mm}$。试求曲柄的长度 l_{AB} 和连杆的长度 l_{BC}，并求作最大压力角 α_{max}。

$\mu_l = 0.001 \frac{\text{m}}{\text{mm}}$

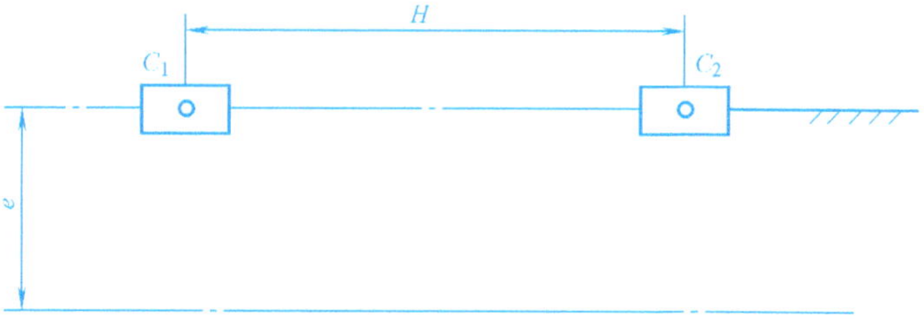

简要作图步骤：

l_{BC}/mm	l_{AB}/mm	α_{max}/(°)

班级		成绩	
姓名		任课教师	
学号		批改日期	

5-19 图 a 所示为一牛头刨床的示意图。已知 $l_{AB}=75\text{mm}$，$l_{DE}=100\text{mm}$，行程速比系数 $K=2$，刨头 5 的行程 $H=300\text{mm}$。要求在整个行程中，刨头 5 有较小的压力角，试设计此机构。

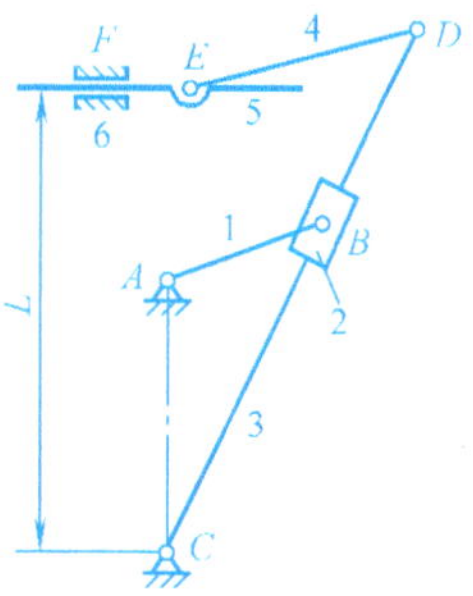

a)

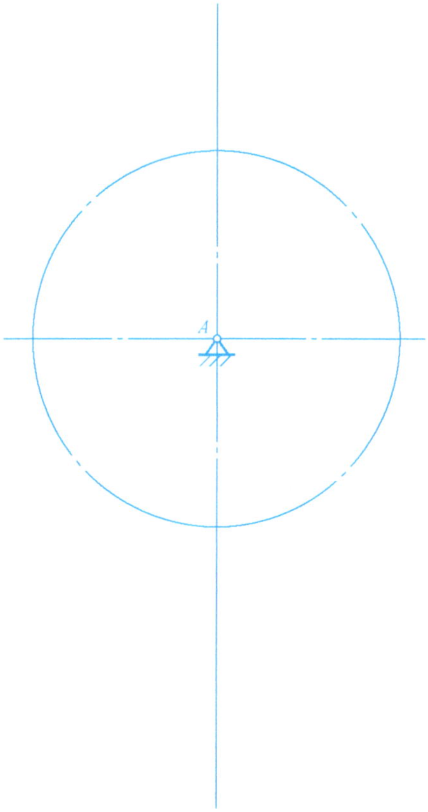

b)

$\mu_l=0.003\ \dfrac{\text{m}}{\text{mm}}$

（单位：mm）

l_{AC}	l_{CD}	L

班级		成绩	
姓名		任课教师	
学号		批改日期	

5-20 如图所示，要求四杆机构两连架杆的三组对应位置分别为 $\theta_{11}=35°$、$\theta_{31}=50°$，$\theta_{12}=80°$、$\theta_{32}=75°$，$\theta_{13}=125°$、$\theta_{33}=105°$，$\alpha_0=\varphi_0=0°$，机架长度 $l_{AD}=80\text{mm}$。试用解析法设计此四杆机构，并以图示比例绘出机构在第三个位置的运动简图。

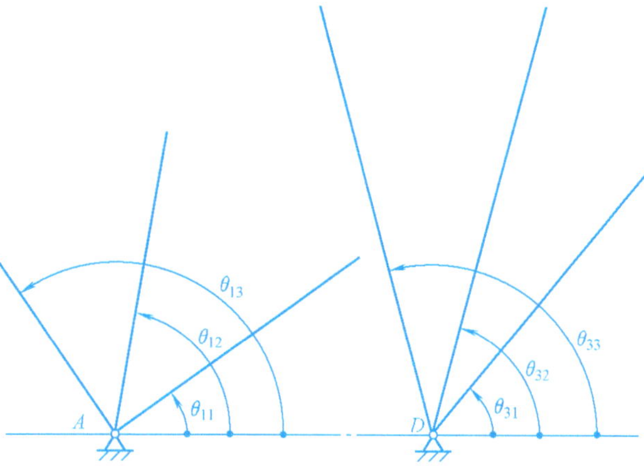

（单位：mm）

l_{AB}	l_{BC}	l_{CD}	l_{AD}

班级		成绩	
姓名		任课教师	
学号		批改日期	

第六章　凸轮机构及其设计

6-1　判断题（正确的在（　　）中填√，错误的填×）

（1）凸轮机构的等加速等减速运动规律是指从动件在推程中按等加速运动，在回程中按等减速运动。（　　）

（2）只需设计适当的凸轮轮廓，就可使从动件实现所需的运动规律。（　　）

（3）凸轮机构为高副机构，易于磨损，所以通常多用于传力不大的控制机构。（　　）

（4）在滚子从动件盘形凸轮机构中，基圆半径 r_0 和压力角 α 应在理论廓线上度量。（　　）

（5）根据直动滚子从动件盘形凸轮机构理论廓线与实际廓线的关系，只要将理论廓线上各点的向径减去滚子半径，便可得到实际廓线上各相应点的向径。（　　）

（6）在平底直动从动件盘形凸轮机构中，其压力角 $\alpha=0°$。（　　）

（7）在直动从动件盘形凸轮机构中，采用导路正偏置的偏距 e 越大，推程压力角 α 越小。（　　）

（8）在滚子直动从动件盘形凸轮机构中，改变滚子的大小对从动件的运动规律无影响。（　　）

（9）当凸轮机构的最大压力角 α_{max} 超过许用压力角 $[\alpha]$ 时，就必然出现自锁现象。（　　）

（10）在设计凸轮机构时，为保证凸轮轮廓的强度，应尽可能增大凸轮的尺寸。（　　）

6-2　单项选择题

（1）凸轮机构中，从动件的运动规律取决于________。

A. 凸轮轮廓的大小　B. 凸轮轮廓的形状　C. 基圆的大小

（2）等速运动规律的凸轮机构，从动件在运动开始和终止时，将引起________冲击。

A. 刚性　B. 柔性　C. 无

（3）为防止滚子从动件运动失真，滚子半径 r_r 必须________理论廓线的最小曲率半径 ρ_{min}。

A. 大于　B. 小于　C. 大于等于　D. 等于

（4）在凸轮机构中采用导路偏置法，可使推程压力角减小，同时回程压力角________。

A. 增大　B. 减小　C. 不变

（5）在凸轮机构中，基圆半径 r_0 减小，会使机构压力角 α ________。

A. 增大　B. 减小　C. 不变

（6）对于偏置直动滚子从动件盘形凸轮机构，下列做法中不能改善其传力性能的是________。

A. 适当加大基圆半径　B. 减小滚子半径　C. 适当偏置从动件

（7）________盘形凸轮机构的压力角恒等于常数。

A. 摆动尖顶推杆　B. 直动滚子推杆

C. 摆动平底推杆　D. 摆动滚子推杆

（8）反转法设计滚子从动件盘形凸轮机构时，凸轮的实际轮廓曲线是________。

A. 滚子中心的轨迹　B. 滚子圆族的包络线

C. 理论廓线沿导路减去滚子半径后的曲线

（9）根据工作经验，建议直动从动件凸轮机构推程许用压力角等于________。

A. 30°　B. 0°　C. 90°　D. 60°

班级		成绩	
姓名		任课教师	
学号		批改日期	

（10）直动从动件盘形凸轮机构，当推程为等速运动规律时，最大压力角发生在行程的________。

A. 起点　　B. 中点　　C. 终点　　D. 可能任意位置

6-3 填空题

（1）在凸轮机构从动件的各种常用运动规律中，________、________运动规律具有柔性冲击；________运动规律具有刚性冲击；而________、________运动规律无冲击。

（2）凸轮机构从动件的运动规律，如出现速度不连续，则机构将产生________冲击；如出现加速度不连续，则机构将产生________冲击。

（3）滚子从动件盘形凸轮的基圆半径是________上距凸轮转动中心的最小向径。

（4）对于滚子从动件盘形凸轮机构，凸轮的实际廓线与理论廓线的关系是________。

（5）直动从动件盘形凸轮机构，当从动件运动规律一定时，欲同时降低推程和回程的压力角，可采用的措施是________，若只降低推程的压力角，可采用的措施是________。

（6）若凸轮的实际廓线出现尖点时，可采取的措施有________、________。

（7）在推程过程中，对凸轮机构的压力角加以限制的原因是________，在回程过程中，对凸轮机构的压力角加以限制的原因是________________。

6-4 何谓凸轮传动中的刚性冲击和柔性冲击？试补全图示各段的 s-δ、v-δ、a-δ 曲线，并指出哪些地方有刚性冲击，哪些地方有柔性冲击？

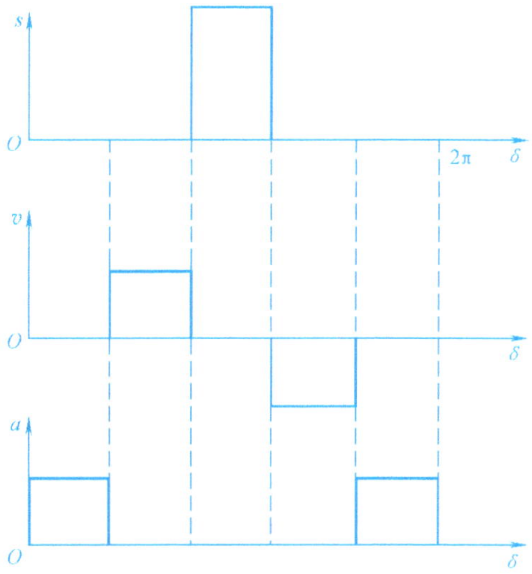

班级		成绩	
姓名		任课教师	
学号		批改日期	

6-5 在图示的从动件位移线图中，*AB* 段为摆线运动，*BC* 段为简谐运动。若要求在两段曲线连接处 *B* 点从动件的速度和加速度分别相等，试根据图中所给数据确定 δ_2 的大小。

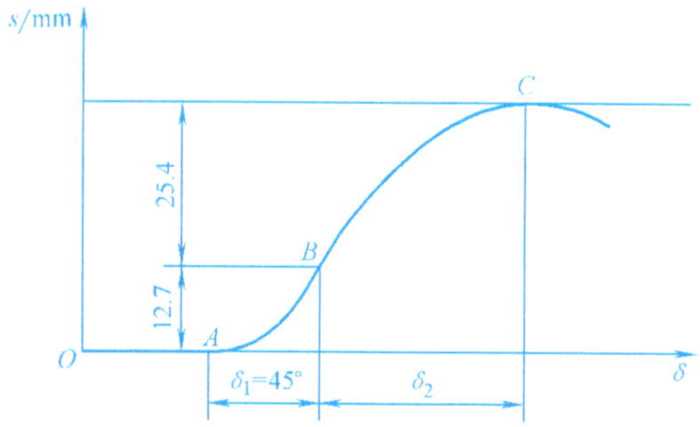

6-6 如图所示滚子和平底从动件盘形凸轮机构，凸轮廓线 *AB* 段为直线，*BC* 段为圆心在 O_1 的圆弧，*CD* 段为直线，*DA* 段为圆心在 *O* 的圆弧，试在图中标出基圆半径 r_0、推程运动角 δ_0、远休止角 δ_{01}、回程运动角 δ_0'、近休止角 δ_{02} 和行程 *h*。

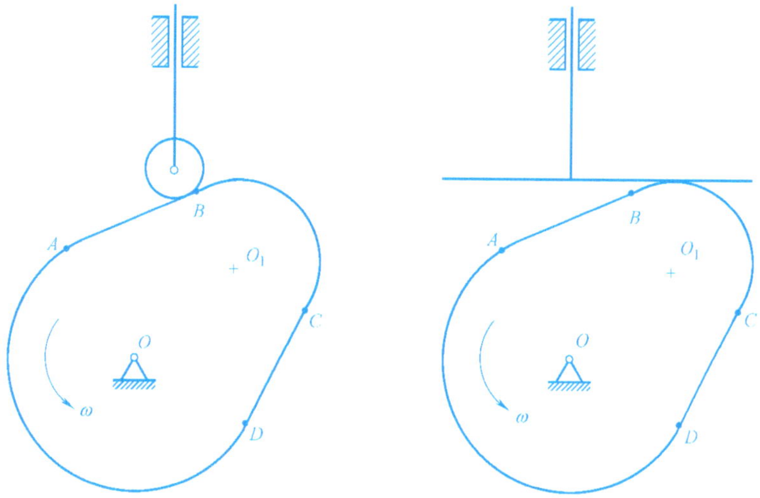

班级		成绩	
姓名		任课教师	
学号		批改日期	

6-7 试用图解法设计一偏置直动滚子从动件盘形凸轮机构。已知凸轮以等角速度逆时针回转，偏距 $e=8\text{mm}$，基圆半径 $r_0=25\text{mm}$，滚子半径 $r_r=8\text{mm}$。从动件运动规律为：凸轮转角 $\delta=0°\sim150°$ 时，从动件等速上升 20mm；$\delta=150°\sim180°$ 时，从动件远休；$\delta=180°\sim300°$ 时，从动件等加速等减速下降 20mm；$\delta=300°\sim360°$ 时，从动件近休（求位移，计算、作图均可）。

解：从动件在推程段和回程段位移方程为：

推程：$s=$ ，（____ $\leqslant\delta\leqslant$ ____）

回程：等加速段 $s=$ ，（____ $\leqslant\delta\leqslant$ ____）

等减速段 $s=$ ，（____ $\leqslant\delta\leqslant$ ____）

各点位移值如下：

凸轮转角 $\delta/(°)$	0	30	60	90	120	150	180	210	240	270	300	330	360
从动件位移 s													

或位移曲线图

$\mu_s=\mu_l=0.001\ \dfrac{\text{m}}{\text{mm}}$

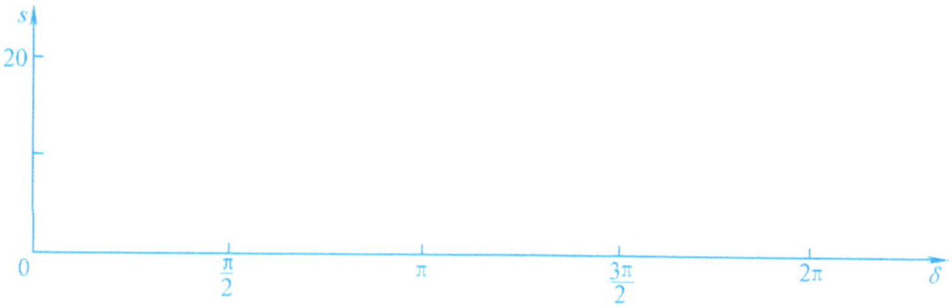

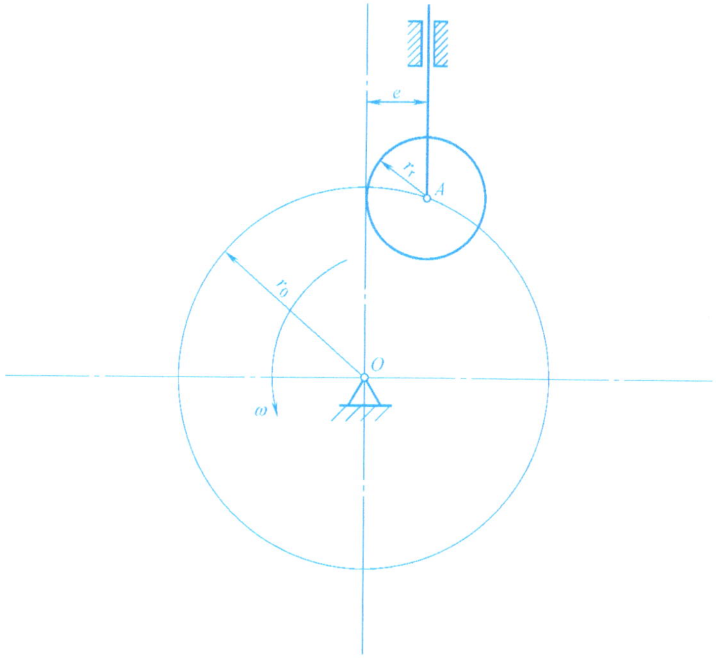

班级		成绩	
姓名		任课教师	
学号		批改日期	

6-8 试用图解法设计一平底直动从动件盘形凸轮机构。已知基圆半径 $r_0=25\text{mm}$，凸轮以等角速度顺时针回转，从动件运动规律为：凸轮转角 $\delta=0°\sim150°$时，从动件以余弦加速度上升 20mm；$\delta=150°\sim180°$时，从动件远休；$\delta=180°\sim300°$时，从动件等加速等减速下降 20mm；$\delta=300°\sim360°$时，从动件近休（求位移，计算、作图均可）。

解：从动件在推程段和回程段位移方程为：

推程：$s=$　　　　　　　　　　　　，（____≤δ≤____）

回程：等加速段 $s=$　　　　　　　　，（____≤δ≤____）

等减速段 $s=$　　　　　　　　，（____≤δ≤____）

各点位移值如下：

凸轮转角 δ/(°)	0	30	60	90	120	150	180	210	240	270	300	330	360
从动件位移 s													

或位移曲线图

$\mu_s=\mu_l=0.001\ \frac{\text{m}}{\text{mm}}$

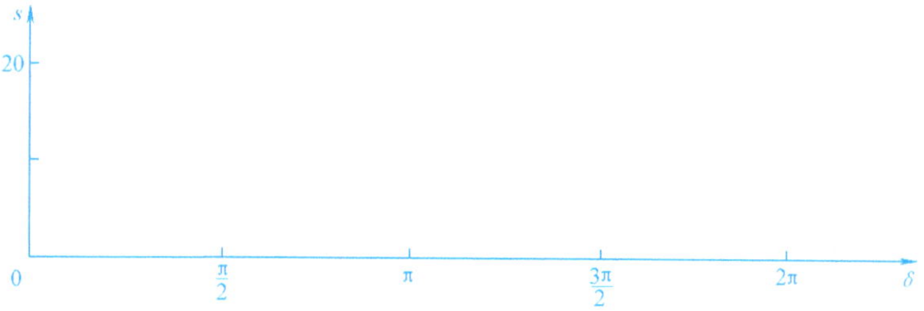

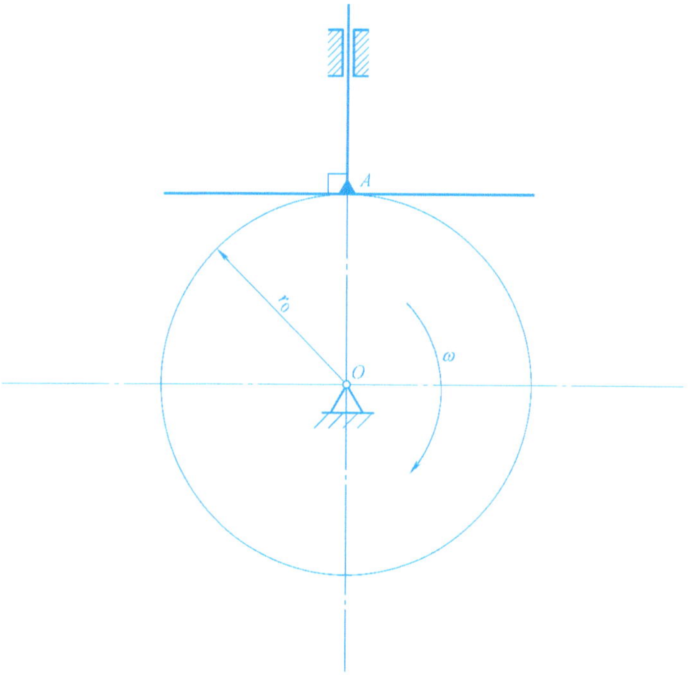

班级		成绩	
姓名		任课教师	
学号		批改日期	

6-9 试用图解法设计一滚子摆动从动件盘形凸轮机构。已知 $l_{OA}=55\text{mm}$，$l_{AB}=50\text{mm}$，$r_0=25\text{mm}$，滚子半径 $r_r=8\text{mm}$，凸轮以等角速度逆时针回转。从动件运动规律为：凸轮转角 $\delta=0°\sim180°$ 时，从动件以余弦加速度顺时针摆动 $\varphi_m=20°$；$\delta=180°\sim300°$ 时，从动件等加速等减速摆回原位；$\delta=300°\sim360°$ 时，从动件静止（求位移，计算、作图均可）。

解：从动件在推程段和回程段位移方程为：

推程：$\varphi=$　　　　　　　　　　　　　　，（____≤δ≤____）

回程：等加速段 $\varphi=$　　　　　　　　　　，（____≤δ≤____）

　　　等减速段 $\varphi=$　　　　　　　　　　，（____≤δ≤____）

各点位移值如下：

凸轮转角 δ/(°)	0	30	60	90	120	150	180	210	240	270	300	330	360
从动件位移 φ													

或位移曲线图

$\mu_\varphi=1°/\text{mm}$

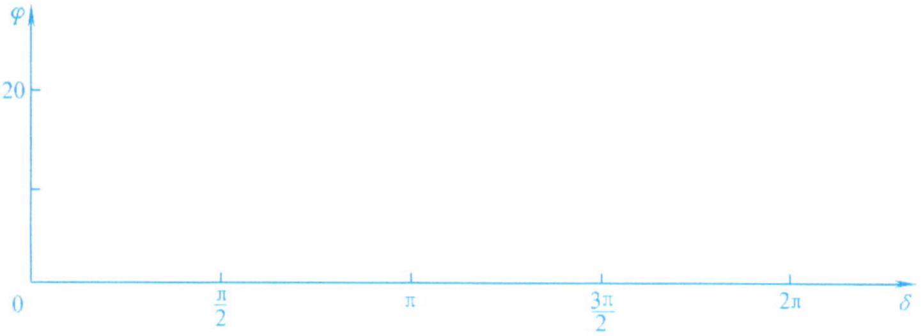

$\mu_s=\mu_l=0.001\ \dfrac{\text{m}}{\text{mm}}$

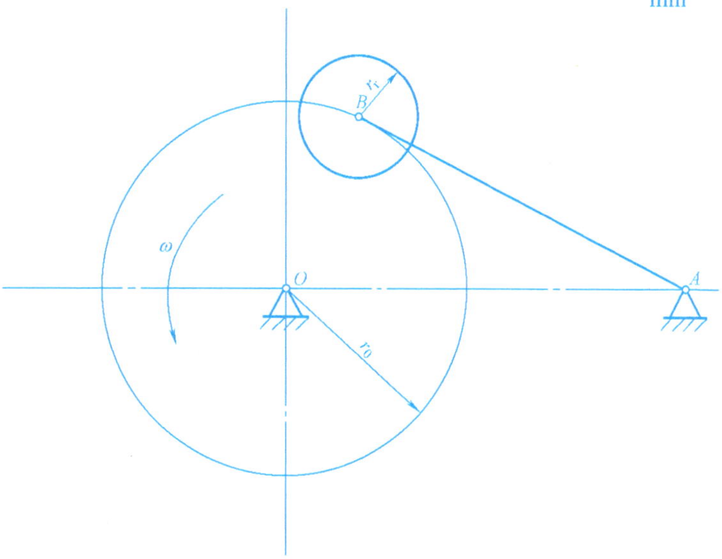

班级		成绩	
姓名		任课教师	
学号		批改日期	

6-10 如图所示两滚子从动件盘形凸轮机构，已知凸轮实际轮廓线为一圆心在 O 点的偏心圆，其半径为 R，试用作图法：

（1）画出凸轮机构的理论廓线、基圆，标出基圆半径 r_0 以及从动件的行程 h（φ_{max}）；

（2）标出当从动件从图示 B_1 位置运动到 B_2 位置时，对应凸轮的转角 δ_{12} 及凸轮机构在 B_2 位置的压力角 α_2。

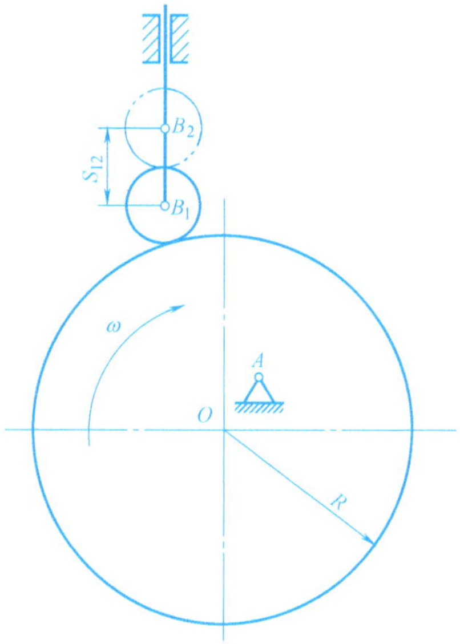

a)

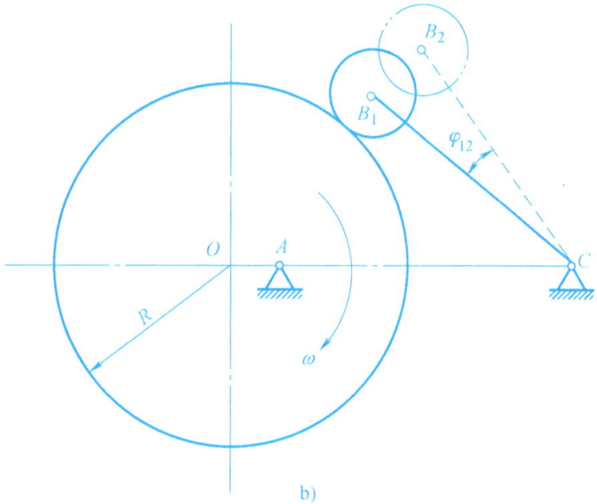

b)

班级		成绩	
姓名		任课教师	
学号		批改日期	

6-11 试标出以下凸轮机构从图示位置转过60°后从动件的位移 s（或 φ）及压力角 α。

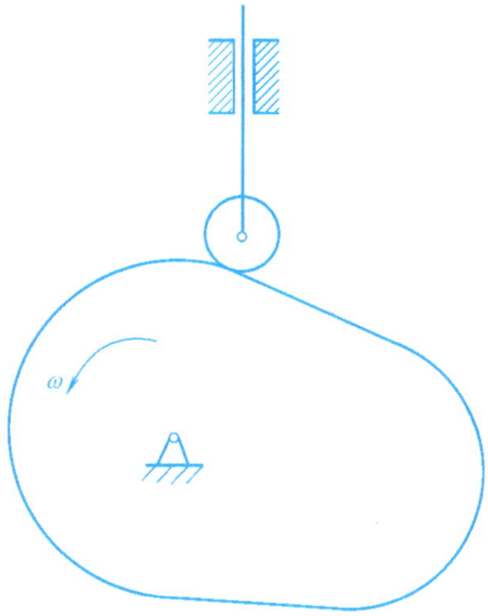

a)

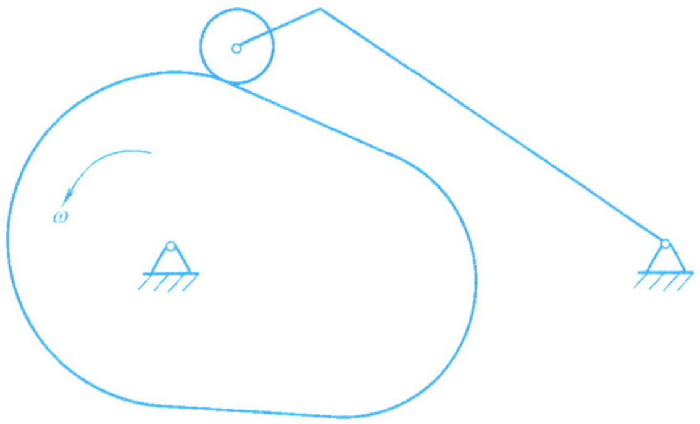

b)

班级		成绩	
姓名		任课教师	
学号		批改日期	

6-12 在图示两凸轮机构中，从动件的起始上升点均为 C_0 点。

（1）试在图上标出从 C_0 点到 C 点接触时，凸轮转过的角度 δ 及从动件的位移 s（或 φ）。

（2）标出在 C 点接触时凸轮机构的压力角 α。

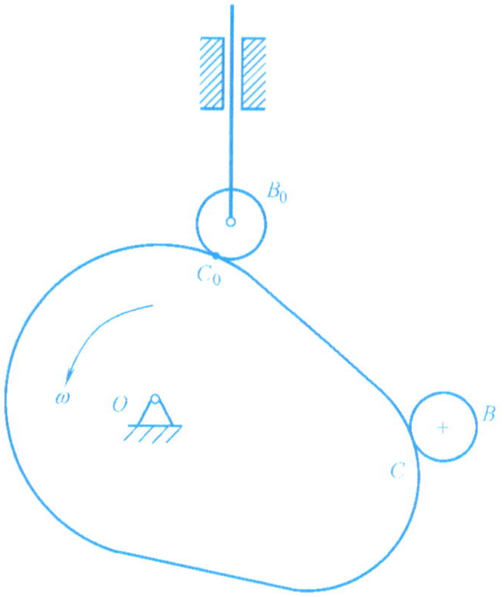

a)

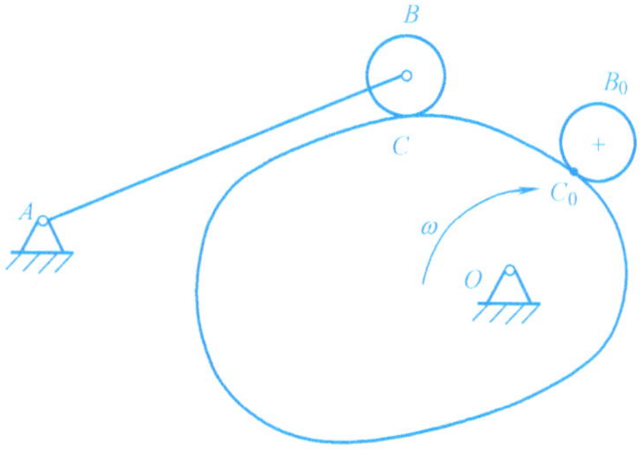

b)

班级		成绩	
姓名		任课教师	
学号		批改日期	

6-13 图示为一偏置滚子推杆盘形凸轮机构。已知凸轮轮廓由三段圆弧和一段直线组成，它们的圆心分别为 O、O'及 O''，半径分别为 $r=27\text{mm}$，$r'=54\text{mm}$ 及 $r''=7\text{mm}$，偏距 $e=12\text{mm}$，滚子半径 $r_r=8\text{mm}$。试：

（1）画出凸轮的理论轮廓曲线及基圆。

（2）标出图示位置推杆的位移 s 及凸轮机构的压力角 α。

（3）标出推杆的行程 h、推程运动角 δ_0 及回程运动角 δ'_0。

$\mu_l=0.001\ \frac{\text{m}}{\text{mm}}$

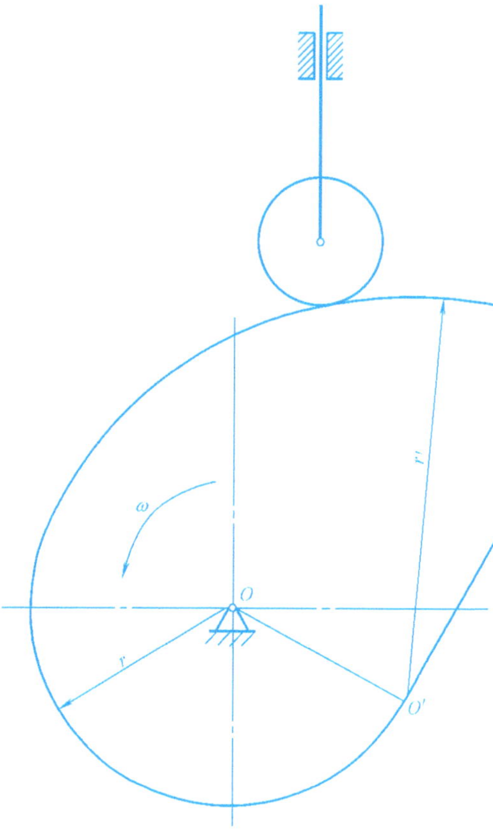

班级		成绩	
姓名		任课教师	
学号		批改日期	

6-14 一对心滚子移动从动件盘形凸轮机构，已知凸轮的基圆半径 $r_0=50\text{mm}$，滚子半径$r_r=15\text{mm}$，凸轮以等角速度顺时针转动。当凸轮转过 $\delta_0=180°$时，从动件以等加速等减速运动规律上升 $h=40\text{mm}$；凸轮再转 $\delta_0'=150°$时，从动件以余弦加速度运动规律返回原处；其余 $\delta_{02}=30°$时，从动件静止不动。试用解析法计算 $\delta=60°$、240°时凸轮实际轮廓曲线上点的坐标。

班级		成绩	
姓名		任课教师	
学号		批改日期	

6-15 图示凸轮机构中，凸轮为一偏心圆盘，圆盘半径 $R=30\text{mm}$，圆盘几何中心 O 到回转中心 A 的距离 $OA=15\text{mm}$，平底与导路间的夹角 $\beta=60°$，当凸轮以等角速度 $\omega=1\text{rad/s}$ 逆时针回转时，试：

（1）标出凸轮廓线的基圆半径 r_0。

（2）标出从动件的行程 h。

（3）求出凸轮机构的最大压力角 α_{max} 与最小压力角 α_{min}。

（4）求出从动件的推程运动角 δ_0 和回程运动角 δ_0'。

$$\mu_l=0.001\ \frac{\text{m}}{\text{mm}}$$

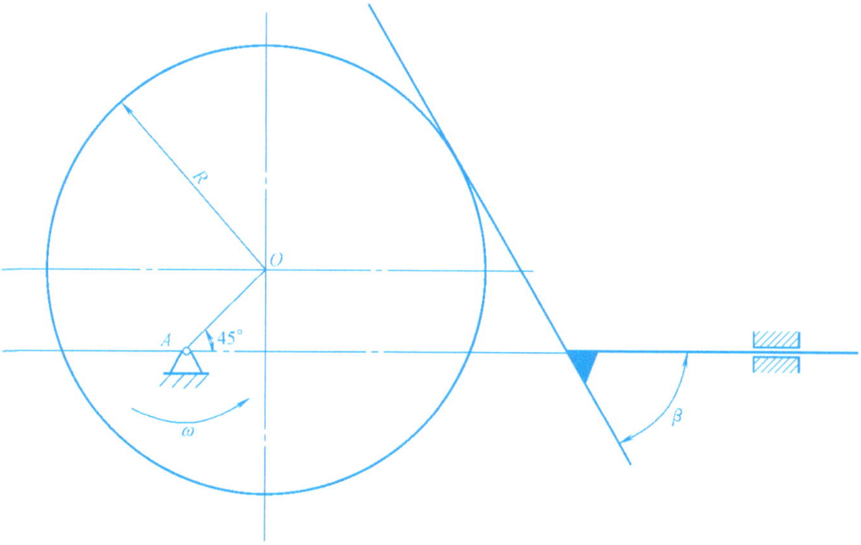

班级		成绩	
姓名		任课教师	
学号		批改日期	

6-16 试分别标出四种凸轮机构在图示位置的压力角 α。

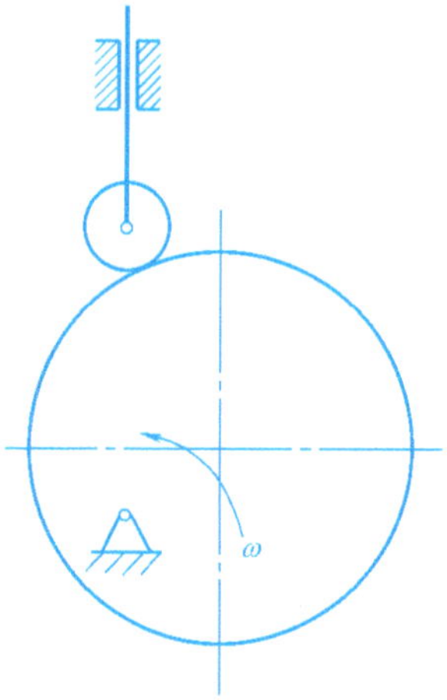

a)

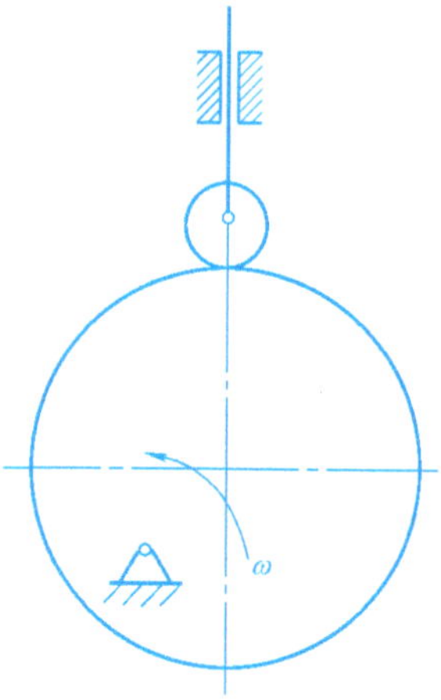

b)

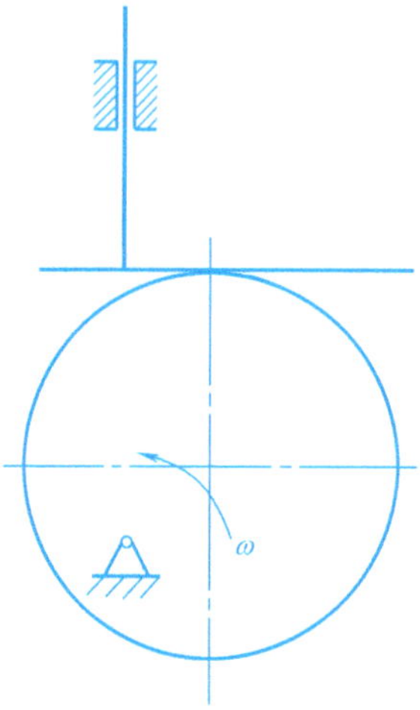

c)

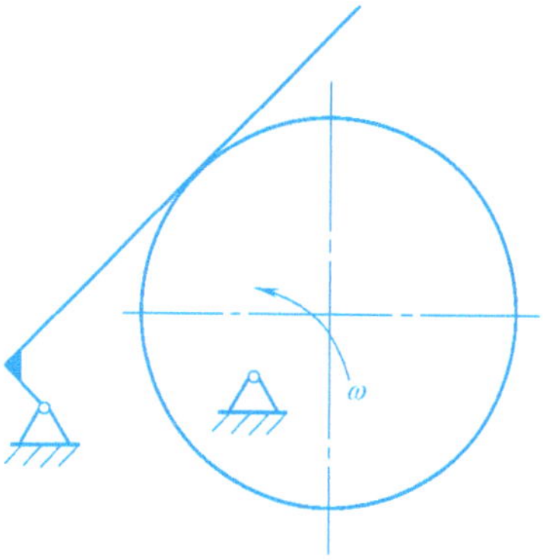

d)

班级		成绩	
姓名		任课教师	
学号		批改日期	

6-17 在图示机构中，哪个是正偏置？哪个是负偏置？根据主教材中式（6-30）说明偏置方向及偏距大小对凸轮机构压力角有何影响？

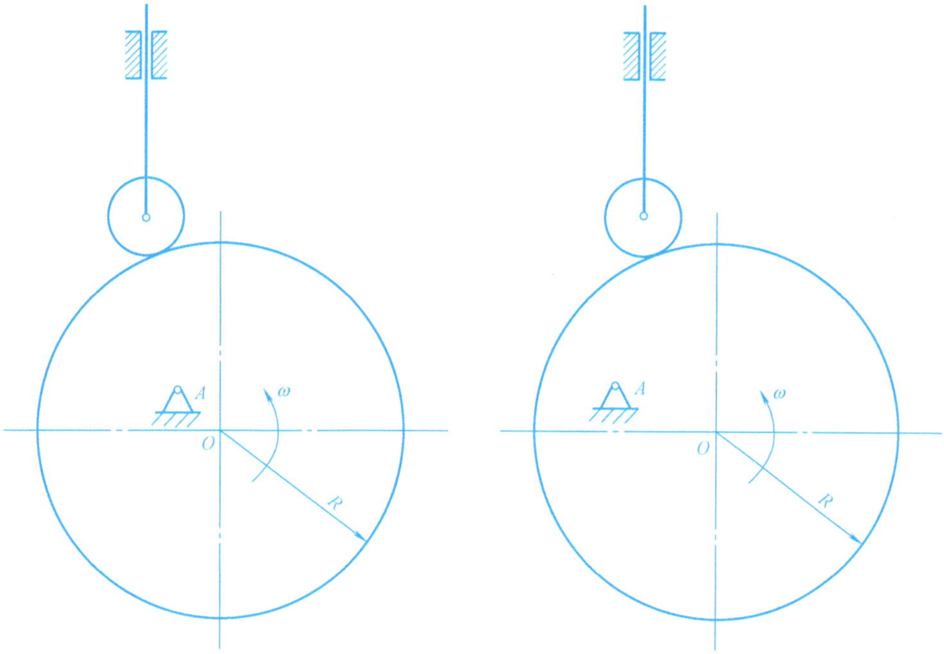

班级		成绩	
姓名		任课教师	
学号		批改日期	

第七章　齿轮机构及其设计

7-1　判断题（正确的在（　　）中填√，错误的填×）

（1）根据渐开线性质，基圆之内没有渐开线，所以渐开线齿轮的齿根圆必须设计得比基圆大。（　　）

（2）齿轮的标准压力角和标准模数都在分度圆上。（　　）

（3）单个齿轮既有分度圆，又有节圆。（　　）

（4）标准直齿圆柱齿轮传动的实际中心距恒等于标准中心距。（　　）

（5）直齿圆柱标准齿轮就是分度圆上的压力角和模数均为标准值的齿轮。（　　）

（6）一对外啮合的直齿圆柱标准齿轮，小轮的齿根厚度比大轮的齿根厚度大。（　　）

（7）一对能正确啮合传动的渐开线直齿圆柱齿轮，其啮合角一定为20°。（　　）

（8）一对直齿圆柱齿轮啮合传动，模数越大，重合度也越大。（　　）

（9）在渐开线齿轮传动中，齿轮与齿条传动的啮合角始终与分度圆上的压力角相等。（　　）

（10）用展成法切制渐开线直齿圆柱齿轮发生根切的原因是齿轮太小了，大的齿轮就不会根切。（　　）

（11）一对正传动的渐开线直齿圆柱齿轮传动中，也可以有负变位齿轮。（　　）

（12）渐开线直齿圆柱外齿轮，不管是标准的，还是变位的，其齿顶压力角总比渐开线在齿根部分的压力角大。（　　）

（13）渐开线直齿圆柱齿轮传动中，齿厚和齿槽宽相等的圆一定是分度圆。（　　）

（14）渐开线直齿圆柱齿轮传动标准安装时，一定满足无侧隙和标准顶隙条件。（　　）

（15）展成法切削渐开线齿轮时，一把模数为 m、压力角为 α 的刀具可以切削相同模数和压力角的任何齿数的齿轮。（　　）

（16）齿数 $z>17$ 的渐开线直齿圆柱齿轮用展成法加工时，即使变位系数 $x<0$，也一定不会发生根切。（　　）

（17）变位系数 $x=0$ 的渐开线直齿圆柱齿轮一定是标准齿轮。（　　）

（18）渐开线正变位齿轮与标准齿轮相比较，其基圆半径 r_b 加大了。（　　）

（19）渐开线标准直齿圆柱齿轮 A，分别同时与齿轮 B、C 啮合传动，则齿轮 A 上的分度圆只有一个，但节圆可能有两个。

（20）一个渐开线标准直齿圆柱齿轮和一个变位直齿圆柱齿轮，它们的模数和压力角分别相等，它们能够正确啮合，而且它们的顶隙也是标准的。

（21）用展成法加工齿数少于17的斜齿圆柱齿轮时，一定会发生根切。（　　）

（22）斜齿轮具有两种模数，其中以法向模数作为标准模数。（　　）

（23）标准直齿锥齿轮，规定以小端的参数为标准值。（　　）

（24）蜗杆传动在中间平面（主平面）上的模数和压力角为标准值。（　　）

（25）在蜗杆传动中，若要求传动效率较高时，蜗杆头数应取较大值。（　　）

7-2　单项选择题

（1）一对渐开线齿轮啮合传动时，其中心距安装若有误差，________。

A. 仍能保证无齿侧隙连续传动

班级		成绩	
姓名		任课教师	
学号		批改日期	

B. 仍能保证瞬时传动比不变　C. 瞬时传动比虽有变化，但平均转速比仍不变

（2）一对能正确啮合传动的渐开线直齿圆柱齿轮必须满足________。

A. 齿形相同　B. 模数相等，齿厚等于齿槽宽　C. 模数相等，压力角相等

（3）一对渐开线直齿圆柱齿轮啮合时，在啮合点处两轮的压力角________，而在节点啮合时则________。

A. 一定相等　B. 一定不相等　C. 一般不相等

（4）一对渐开线直齿圆柱齿轮传动的中心距________等于两分度圆半径之和，但等于两节圆半径之和。

A. 一定　B. 不一定　C. 一定不

（5）一对渐开线直齿圆柱齿轮传动，其啮合角与分度圆压力角________，但和节圆压力角________。

A. 一定相等　B. 一定不相等　C. 可能相等可能不相等

（6）一对渐开线标准齿轮在标准安装情况下，两齿轮分度圆的相对位置应该是________。

A. 相交的　B. 相切的　C. 分离的

（7）渐开线齿轮齿条啮合时，其齿条相对齿轮作远离圆心的平移时，其啮合角________。

A. 加大　B. 不变　C. 减小

（8）用标准齿条刀具加工正变位渐开线直齿圆柱外齿轮时，刀具的中线与齿轮的分度圆________；刀具的节线与齿轮的分度圆________。

A. 相切　B. 相割　C. 相离

（9）一对渐开线齿廓啮合时，接触点在啮合线上移动的距离________对应时间内基圆转过的弧长。

A. 等于　B. 大于　C. 小于

（10）渐开线直齿圆柱齿轮中，齿距p，法向齿距p_n，基节p_b三者之间的关系为________。

A. $p_b=p_n<p$　B. $p_b<p_n<p$　C. $p_b>p_n>p$　D. $p_b>p_n=p$

（11）两正变位直齿圆柱齿轮，按无侧隙啮合时，其中心距________。

A. $a'<a+(x_1+x_2)m$　B. $a'=a+(x_1+x_2)m$　C. $a'>a+(x_1+x_2)m$

（12）齿轮传动时，若发现重合度小于1，则修改设计的措施应是________。

A. 加大模数　B. 减少齿数　C. 重选变位系数　D. 改用短齿制

（13）一对无侧隙啮合传动的渐开线齿轮，若$z_1=20$，$z_2=40$，$x_1>0$，$x_2<0$，且$|x_1|>|x_2|$，模数$m=2\text{mm}$，则两轮中心距应该是________。

A. 等于60mm　B. 大于60mm　C. 无法判定

（14）渐开线直齿圆柱齿轮机构中重合度$\varepsilon_\alpha=1.3$，表示实际啮合线上有________的长度属于双齿啮合区。

A. $0.3p_b$　B. $0.7p_b$　C. $0.6p_b$　D. p_b

（15）蜗杆传动，其传动比i_{12}为________。

A. d_2/d_1　B. z_2/z_1　C. z_2/q

（16）交错角$\Sigma=90°$的蜗杆蜗轮要能正确啮合，蜗杆蜗轮必须________。

A. 导程角相等　B. 轮齿旋向相反

C. 螺旋角相等　D. 轮齿旋向相同

班级		成绩	
姓名		任课教师	
学号		批改日期	

7-3 已知一条渐开线，其基圆半径为 $r_b = 50\text{mm}$，试求：

（1）渐开线在矢径 $r_K = 70\text{mm}$ 的点 K 处的曲率半径 ρ_K、压力角 α_K 及展角 θ_K。

（2）渐开线在展角 $\theta_K = 12°$时的压力角 α_K 及向径 r_K。

7-4 当 $\alpha = 20°$，$m \geqslant 1$ 的正常齿渐开线标准齿轮的齿根圆和基圆相重合时，其齿数为多少？又若齿数大于求出的数值，则基圆和根圆哪一个大？

班级		成绩	
姓名		任课教师	
学号		批改日期	

7-5 如图所示为一个渐开线直齿圆柱齿轮。用游标卡尺测量出三个齿和两个齿的公法线长度为 $W_3=61.84\text{mm}$，$W_2=37.56\text{mm}$，齿顶圆直径 $d_a=208\text{mm}$，齿根圆直径 $d_f=172\text{mm}$，并测得其齿数 $z=24$。试求该齿轮的模数 m、分度圆压力角 α、齿顶高系数 h_a^* 和顶隙系数 c^*。

（提示：m、α、h_a^*、c^* 均取标准值，且 $\alpha=15°$或 $\alpha=20°$）

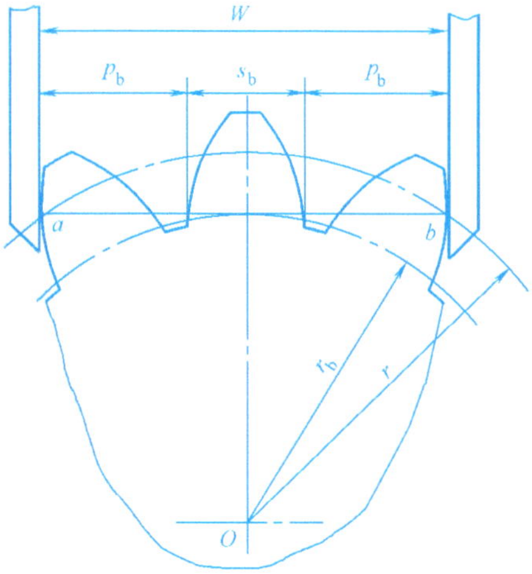

7-6 一对渐开线直齿圆柱标准齿轮传动，已知其模数 $m=4\text{mm}$，$i_{12}=1.5$，$\alpha=20°$，$h_a^*=1$，$c^*=0.25$。

（1）在标准安装时，中心距 $a=100\text{mm}$，试求：齿数 z_1、z_2；分度圆半径 r_1、r_2；齿顶圆半径 r_{a1}、r_{a2}；齿根圆半径 r_{f1}，r_{f2}；节圆半径 r_1'、r_2'；啮合角 α'；顶隙 c。

（2）若上述齿轮传动中心距改为 $a'=102\text{mm}$ 时，上述尺寸哪些有变化？如有变化求出其数值。

班级		成绩	
姓名		任课教师	
学号		批改日期	

7-7 已知一正常齿渐开线标准齿轮 $z=20$，$m=10\text{mm}$，$\alpha=20°$，求齿顶圆齿厚和基圆齿厚。当齿顶变尖时，齿顶圆半径又应为多少？

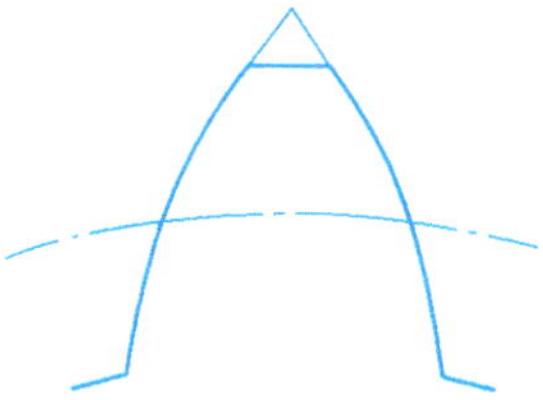

班级		成绩	
姓名		任课教师	
学号		批改日期	

7-8 图示一对渐开线齿廓 G_1、G_2 啮合于 K 点，试在图上作出：

（1）齿轮 1 为主动时，两齿轮的转动方向。

（2）节点 P、节圆 r'_1、r'_2、啮合角 α'。

（3）啮合极限点 N_1、N_2 和实际啮合线段 $\overline{B_1B_2}$。

（4）齿廓 G_1 上与齿廓 G_2 上点 a_2 相共轭的点 a_1，并用双线表示齿廓 G_1 上的齿廓实际工作段。

（5）比较齿廓 G_1 上 $\overset{\frown}{Ka_1}$ 与齿廓 G_2 上 $\overset{\frown}{Ka_2}$ 两段的长短，并分析其原因。

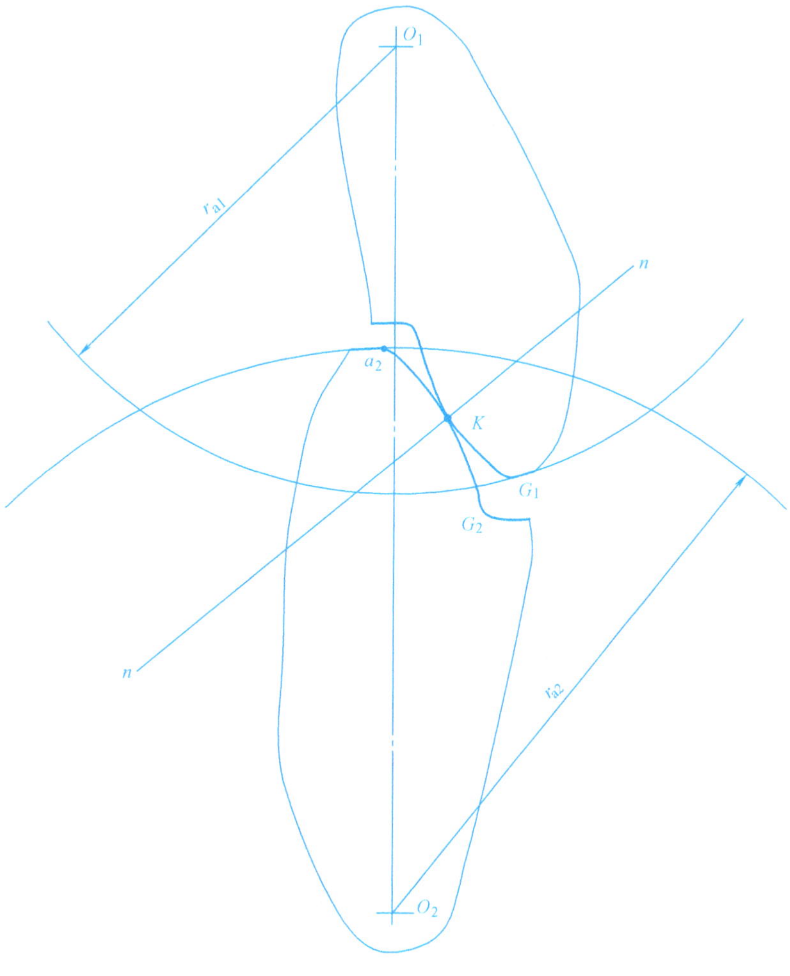

班级		成绩	
姓名		任课教师	
学号		批改日期	

7-9 一对正常齿渐开线外啮合直齿圆柱齿轮机构，已知 $\alpha=20°$，$m=5\text{mm}$，$z_1=19$，$z_2=42$，试：

（1）计算两轮的几何尺寸 r、r_b、r_a 和标准中心距 a，以及实际啮合线段$\overline{B_1B_2}$的长度和重合度 ε_α。

（2）用长度比例 $\mu_l=0.001\text{m/mm}$ 画出 r、r_b、r_a，理论啮合线$\overline{N_1N_2}$，在其上标出实际啮合线$\overline{B_1B_2}$，并标出单齿啮合区和双齿啮合区。

班级		成绩	
姓名		任课教师	
学号		批改日期	

7-10 若将上题的中心距加大，直至刚好连续传动，试求：

(1) 啮合角 α' 和中心距 a'。

(2) 节圆半径 r_1' 和 r_2'。

(3) 在节点啮合时两轮齿廓的曲率半径 ρ_1' 和 ρ_2'。

(4) 顶隙 c' 和节圆上的齿侧间隙 j_t'。

班级		成绩	
姓名		任课教师	
学号		批改日期	

7-11 有三个正常齿制的标准齿轮，其参数如下：

齿轮编号	$\alpha/(°)$	m/mm	z
1	20	2	20
2	20	2	50
3	20	5	20

试问：这三个齿轮的齿形有何不同（主要考虑 r_b、s、h）？可以用同一把成形铣刀加工吗？可以用同一把滚刀加工吗？列表分析比较。

7-12 采用标准齿条刀具加工渐开线直齿轮，已知刀具齿形角 $\alpha=20°$，齿距 $p=4\pi$mm，$h_a^*=1$，刀具在切制齿轮时的移动速度 $v_刀=60$mm/s，轮坯转动角速度 $\omega=1$rad/s。

（1）求被加工齿轮的参数：m、α、z、d。

（2）若刀具中线距轮坯中心的距离 $L=58$mm，这样加工出来的齿轮是正变位还是负变位齿轮？求此种情况下的变位系数 x 及分度圆齿厚 s。

班级		成绩	
姓名		任课教师	
学号		批改日期	

7-13 用标准齿条型刀具展成切制渐开线直齿圆柱齿轮，已知：$\alpha=20°$，$m=2\text{mm}$，$h_a^*=1$。

（1）当轮坯角速度 $\omega=\dfrac{1}{22.5}\text{rad/s}$ 时，欲切制 $z=90$ 的标准齿轮，求轮坯中心与刀具中线之间的距离 L 及刀具移动的线速度 $v_刀$。

（2）在保持 L 和 $v_刀$ 不变的情况下，若轮坯角速度改为 $\omega=\dfrac{1}{23.5}\text{rad/s}$，求所切制的齿轮的齿数 z 和变位系数 x，并说明所切制出来的齿轮是正变位还是负变位齿轮。

（3）在保持 L 和 $v_刀$ 不变的情况下，若轮坯角速度改为 $\omega=\dfrac{1}{22.1}\text{rad/s}$，试计算被切制齿轮的齿数 z 和变位系数 x，并说明最后的加工结果如何？

（示意画出三种情况下刀具中线、加工节线与轮坯分度圆、节圆及轮坯中心与刀具中线之间的距离 L，并画出节点 P 的位置）

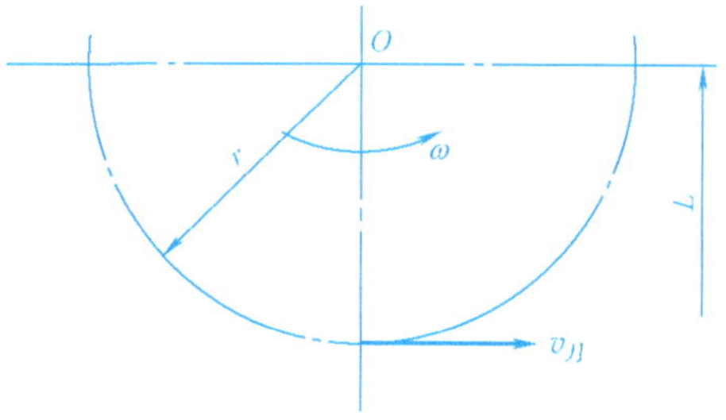

(1)

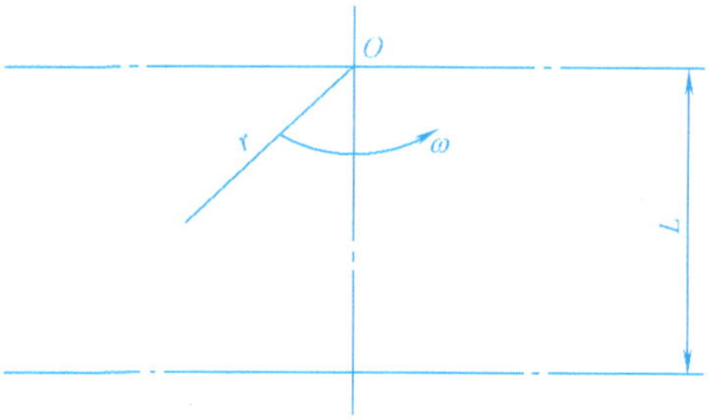

(2)

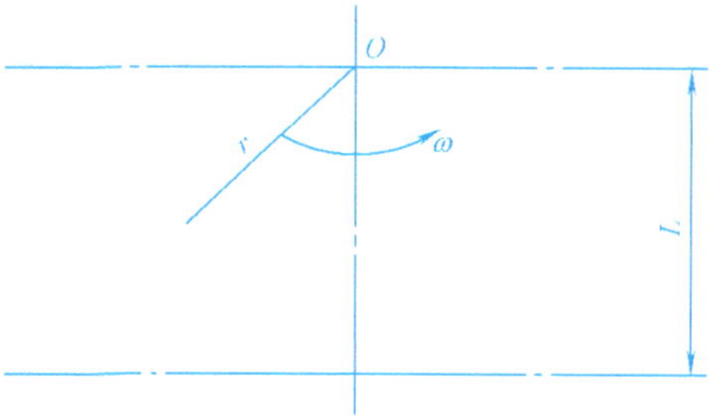

(3)

班级		成绩	
姓名		任课教师	
学号		批改日期	

7-14 齿轮与齿条无侧隙啮合如图，试在图上：

（1）画出实际啮合线$\overline{B_1B_2}$。　（2）画出齿条节线。　（3）画出齿轮节圆。

（4）画出啮合角 α' 。　（5）画出齿轮、齿条齿廓实际工作段。

（6）若以该齿条为刀具展成加工齿轮，标出该齿轮的变位量 xm，并说明是正变位，还是负变位。

（7）判断这样加工出来的齿轮是否产生根切？并说明理由。

（8）画出被加工齿轮齿廓的渐开线起始圆 r_q。

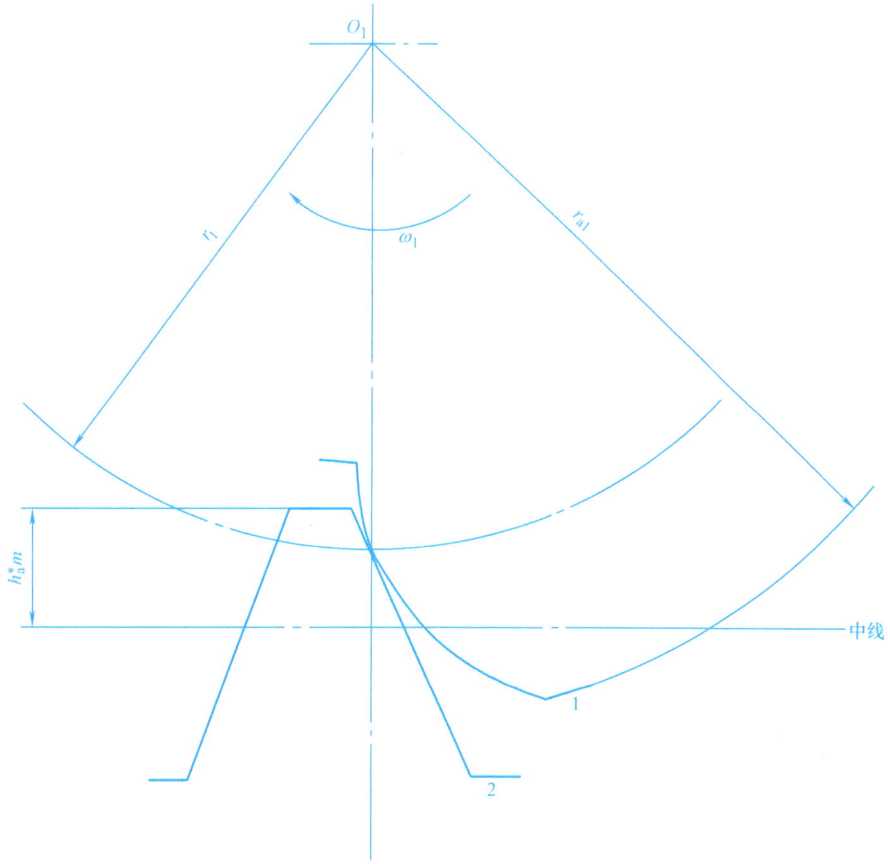

7-15 用标准齿条刀具切制直齿轮，已知齿轮参数：$z=35$，$h_a^*=1$，$\alpha=20°$。欲使齿轮齿廓的渐开线起始点在基圆上，试问是否需要变位？如需变位，其变位系数应取多少？

班级		成绩	
姓名		任课教师	
学号		批改日期	

7-16 渐开线标准直齿圆柱齿轮与齿条标准安装，齿条主动，齿轮的 $z_1=20$，$m=10\text{mm}$，$\alpha=20°$，$h_a^*=1$，齿条比例尺为 $\mu_l=1\text{mm/mm}$，试画出：

（1）齿轮节圆（r_1'）、齿条节线（用“节线 1”表示）。

（2）理论啮合线和实际啮合线。

（3）用图示量出的线段计算 ε_α。

（4）若齿条为加工该齿轮的刀具，从图示位置向轮心靠近 4mm，画出加工时的节圆（R_1'）、刀具中线、刀具节线（用“节线 2”表示）及啮合角 α'，并判断是否产生根切，说明理由。

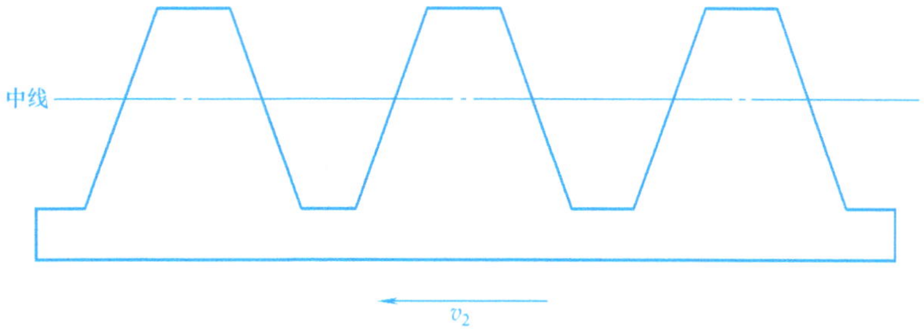

班级		成绩	
姓名		任课教师	
学号		批改日期	

7-17 图示回归轮系中，已知 $z_1=18$，$z_2=41$，$z_3=40$，$z_4=20$，$\alpha=20°$，$m=4\text{mm}$，试问有几种传动方案可供选择？哪一种方案较为合理？列表比较并说明理由（不要求计算各轮几何尺寸）。

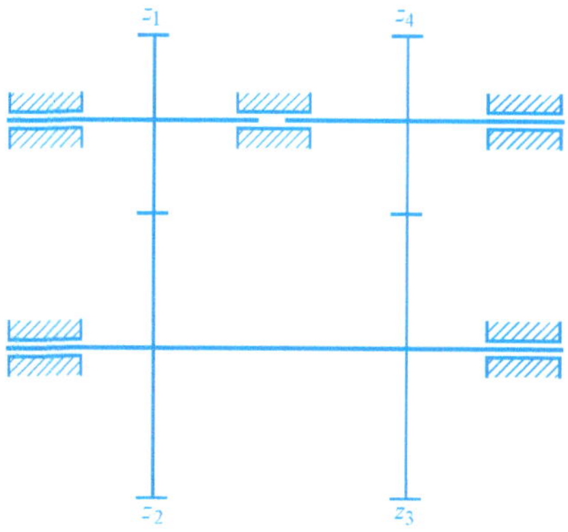

7-18 试设计一渐开线外啮合直齿圆柱齿轮传动，$\alpha=20°$，$h_a^*=1$，$c^*=0.25$，要求齿轮不根切。在下列情况下，应设计成何种传动类型？并简述理由。

(1) $z_1=16$，$z_2=38$，$m=4\text{mm}$，$a'=108\text{mm}$。

(2) $z_1=12$，$z_2=20$，$m=4\text{mm}$，中心距不限制。

(3) $a'=100\text{mm}$，$m=4\text{mm}$，$i_{12}=2.5$。

班级		成绩	
姓名		任课教师	
学号		批改日期	

7-19 如图所示三对齿轮传动，已知 $z_1=12$，$z_2=47$，$z_3=15$，$z_4=45$，$z_5=36$，$z_6=25$，两轴中心距 $a'=120\text{mm}$，$\alpha=20°$，$h_a^*=1$，$c^*=0.25$，$m=4\text{mm}$，试确定三对齿轮的传动类型，说明理由并确定各轮的变位系数。

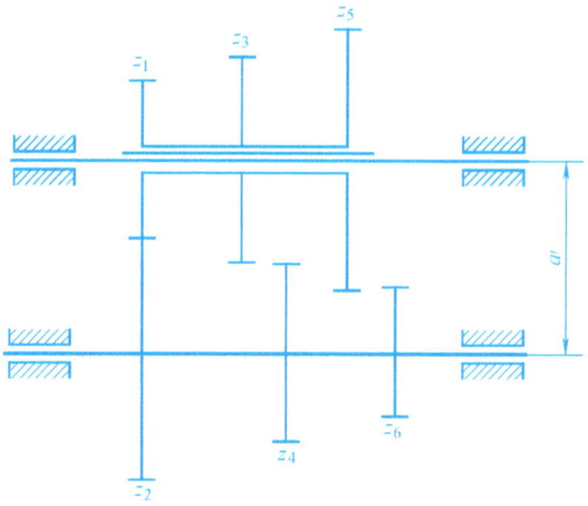

班级		成绩	
姓名		任课教师	
学号		批改日期	

7-20 一对高度变位齿轮，已知 $z_1=12$，$x_1=0.5$，$z_2=33$，$x_2=-0.5$，$m=20\text{mm}$，$\alpha=20°$，$h_a^*=1$。今将大齿轮 2 的齿数改为 $z_2'=32$，而小齿轮仍用原来的，中心距也不变，试确定大齿轮 2′的变位系数 x_2'。

7-21 已知一对渐开线直齿圆柱齿轮，$z_1=15$，$x_1=0.3128$，$z_2=21$，$x_2=-0.1921$，$m=5\text{mm}$，$\alpha=20°$，$h_a^*=1$，$c^*=0.25$，试：

（1）判断在用齿条型刀具展成加工这两个齿轮时，是否会产生根切现象？

（2）求这对齿轮作无侧隙啮合传动时的中心距 a'。

班级		成绩	
姓名		任课教师	
学号		批改日期	

7-22 某设备中有一对直齿圆柱标准齿轮所组成的减速箱，$z_1=24$，$z_2=96$，$m=4\text{mm}$，$\alpha=20°$，$h_a^*=1$，$c^*=0.25$。小齿轮 z_1 已丢失，大齿轮 z_2 的齿面有些损坏，为了仍使用该减速箱体和利用大齿轮 z_2，必须重新加工一小齿轮，并对 z_2 齿轮进行修复。经过分析，当 z_2 齿轮的齿顶圆直径减小到388mm，才能把损坏的齿面切掉，出现新齿面。试：

（1）确定该对新齿轮的传动类型。

（2）求新加工的小齿轮的变位系数、分度圆直径、齿顶圆直径。

（3）求该对新齿轮啮合时的节圆直径和啮合角。

7-23 已知一对渐开线标准直齿圆柱齿轮，$z_1=20$，$z_2=80$，$m=5\text{mm}$，$\alpha=20°$，$h_a^*=1$，安装中心距 $a'=255\text{mm}$，试问：

（1）此传动存在什么问题？

（2）若将标准齿轮改为变位齿轮，为何种传动类型？

（3）若按 $x_1/x_2=z_2/z_1$ 分配变位系数，试计算齿轮 1 的齿顶圆半径 r_{a1}。

班级		成绩	
姓名		任课教师	
学号		批改日期	

7-24 已知一对渐开线直齿圆柱齿轮传动，安装中心距 $a'=155\text{mm}$，传动比 $i_{12}=8/7$，$m=10\text{mm}$，$\alpha=20°$，$h_a^*=1$，$c^*=0.25$，试合理确定齿轮齿数、传动类型、变位系数，计算几何尺寸（按 $x_1/x_2=z_2/z_1$ 分配变位系数），并验算齿顶厚 $s_a \geqslant [s_a]=0.4m$ 和重合度 $\varepsilon_\alpha \geqslant [\varepsilon_\alpha]$。

班级		成绩	
姓名		任课教师	
学号		批改日期	

7-25 图示回归轮系，已知渐开线直齿圆柱齿轮，$z_1=15$，$z_2=51$，$m_{12}=4\text{mm}$，$z_3=12$，$z_4=40$，$m_{34}=5\text{mm}$，$\alpha=20°$，$h_a^*=1$，$c^*=0.25$。若齿轮 1 和齿轮 2 已采用等移距变位齿轮传动时，要求齿轮 3 和 4 设计成变位齿轮传动（两对齿轮均要求不根切，保证无侧隙啮合和标准顶隙）：

（1）确定齿轮 3 和 4 的传动类型。若 $x_4=0$，试计算 x_3。

（2）计算齿轮 1（刚好不根切时）的齿顶圆半径 r_{a1} 和齿轮 4 的齿顶圆半径 r_{a4}。

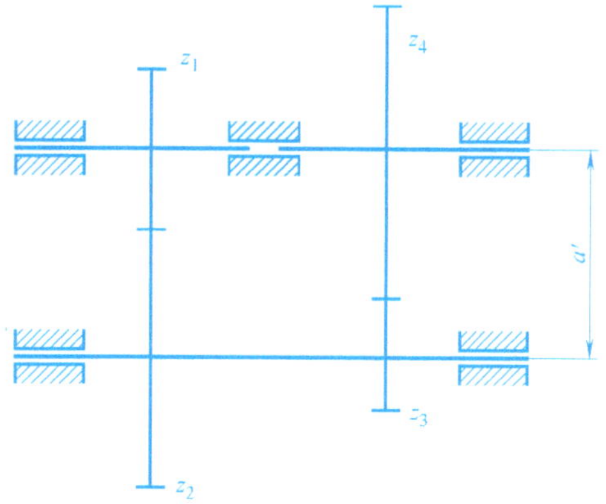

班级		成绩	
姓名		任课教师	
学号		批改日期	

7-26 已知一对渐开线正常齿制圆柱齿轮传动，$z_1=15$，$z_2=53$，$m=2\text{mm}$，$\alpha=\alpha_n=20°$，$a'=70\text{mm}$。

（1）若采用直齿轮传动，试确定该对齿轮的传动类型，并计算啮合角 α' 及变位系数和 x_1+x_2。

（2）若采用标准斜齿轮传动，试求：

1）螺旋角 β。

2）齿轮 1 的分度圆直径 d_1、齿顶圆直径 d_{a1} 及齿根圆直径 d_{f1}。

3）齿轮 1 的当量齿数 z_{v1}？当用展成法加工齿轮 1 时，是否会产生根切？

4）若已知该对斜齿圆柱齿轮的齿宽 $b=30\text{mm}$，计算该对齿轮的重合度 ε_γ。

班级		成绩	
姓名		任课教师	
学号		批改日期	

7-27 在图示的各蜗杆传动中，蜗杆均为主动。试确定图示蜗杆、蜗轮的转向或螺旋线的方向。

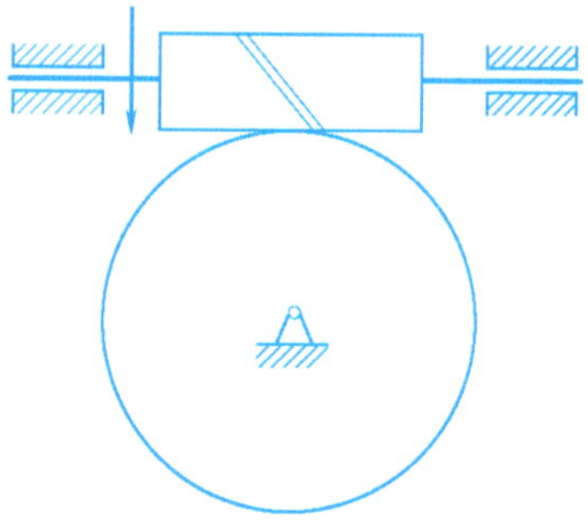

a) 蜗轮为____旋
蜗轮转向为____时针

b) 蜗杆为____旋
蜗轮为____旋

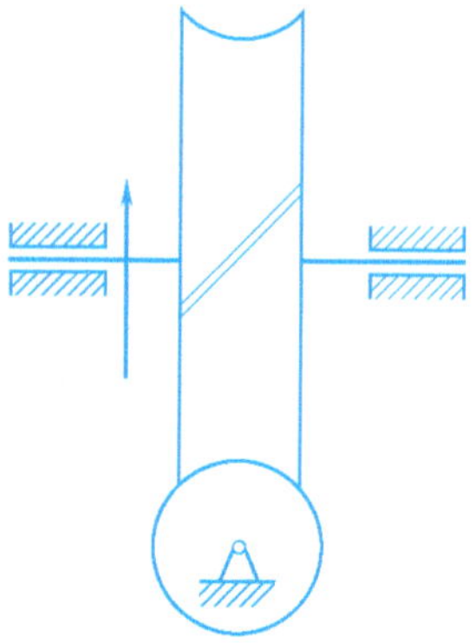

c) 蜗杆为____旋
蜗杆转向为____时针

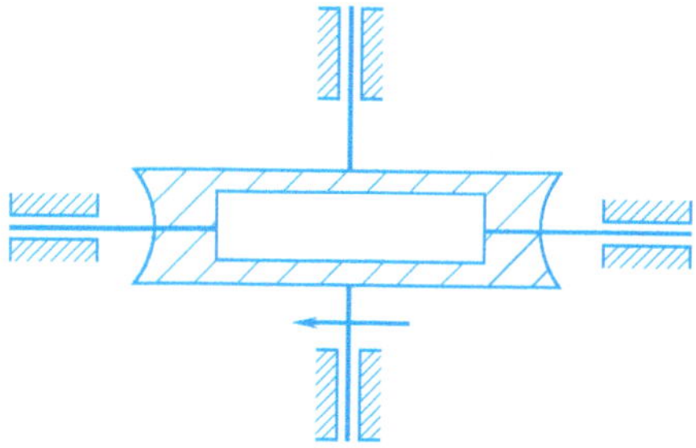

d) 蜗杆为____旋
蜗杆转向标在图上

7-28 已知一阿基米德标准蜗杆蜗轮机构，其参数为：$\Sigma=90^\circ$，$z_1=1$，$m=5\text{mm}$，$d_1=50\text{mm}$，$i_{12}=35$。试求：

（1）蜗轮的分度圆直径 d_2。

（2）蜗轮的齿顶圆直径 d_{a2} 及齿根圆直径 d_{f2}。

（3）蜗轮的螺旋角 β_2。

（4）中心距 a。

班级		成绩	
姓名		任课教师	
学号		批改日期	

7-29 已知一对等顶隙直齿锥齿轮，$z_1=15$，$z_2=30$，$m=5\text{mm}$，$h_a^*=1$，$c^*=0.2$，$\Sigma=90°$。试确定这对锥齿轮的几何尺寸。

将各参数尺寸名称和几何尺寸计算式及其结果填入下表。

名称	小齿轮	大齿轮
	$\delta_1=$	$\delta_2=$
	$d_1=$	$d_2=$
	$d_{a1}=$	$d_{a2}=$
	$d_{f1}=$	$d_{f2}=$
	$h_{a1}=$	$h_{a2}=$
	$h_{f1}=$	$h_{f2}=$
	$c=$	
	$s=$	，$e=$
	$R=$	，$B=$
	$\theta_a=$	，$\theta_f=$
	$\delta_{a1}=$	$\delta_{a2}=$
	$\delta_{f1}=$	$\delta_{f2}=$
	$z_{v1}=$	$z_{v2}=$

将各部分尺寸标注在下图上。

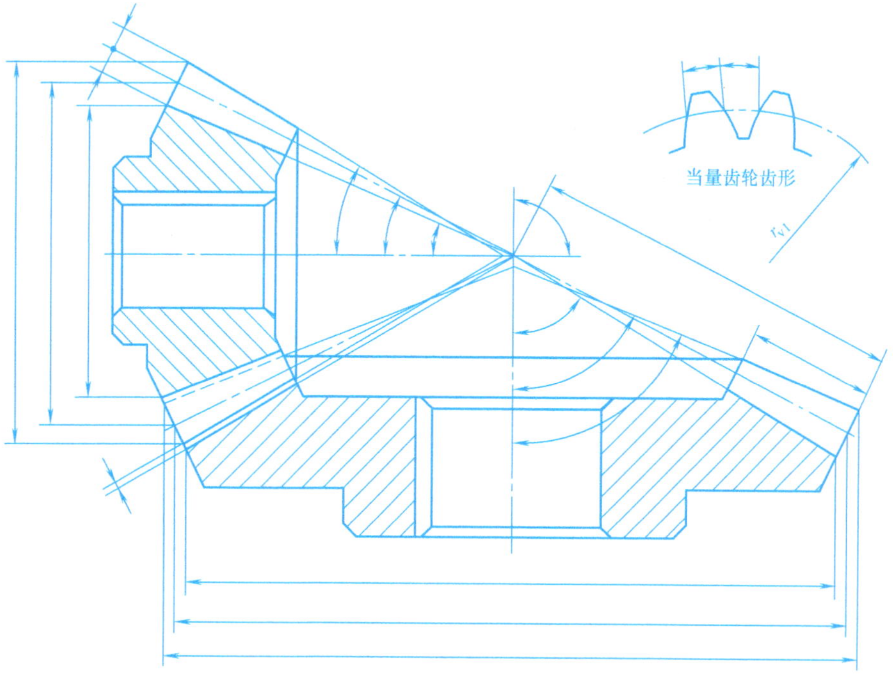

班级		成绩	
姓名		任课教师	
学号		批改日期	

第八章 齿轮系及其设计

8-1 判断题（正确的在（ ）中填√，错误的填 ×）

（1）周转轮系的传动比等于各对齿轮传动比的连乘积。 （ ）

（2）行星轮系中若系杆为原动件可驱动中心轮，反之则不论什么情况，以中心轮为原动件时也一定可以驱动系杆。 （ ）

（3）在行星轮系中，可以有两个以上的中心轮能转动。 （ ）

（4）在轮系中，过桥齿轮既能改变传动比大小，也能改变转动方向。 （ ）

（5）在蜗杆传动中，蜗轮的转向不仅与蜗杆的转向有关，而且与其螺旋线方向有关。 （ ）

（6）在周转轮系中，行星架与中心轮的几何轴线必须重合，否则便不能转动。 （ ）

（7）任何情况下都不能直接在周转轮系中用数外啮合次数或画箭头的方法直接判断从动件的转向。 （ ）

（8）当两轴之间需要很大的传动比时，只有通过多级齿轮组成的定轴轮系来实现。 （ ）

（9）在轮系中，合成运动和分解运动都可以通过差动轮系来实现。 （ ）

（10）在齿轮系传动比计算中，整个混合轮系能转化成一个定轴轮系，用一个公式即可求解。 （ ）

8-2 单项选择题

（1）差动轮系的自由度为________，行星轮系的自由度为________。

A. 1　　B. 2　　C. 3　　D. 4

（2）在计算行星轮系的传动比时，式 $i_{BH}=1-i_{BA}^{H}$ 只有在________情况下才是正确的。

A. $\omega_A=0$　　B. $\omega_B=0$　　C. $\omega_H=0$　　D. $\omega_A \cdot \omega_H=0$

8-3 填空题

（1）平面定轴轮系传动比的大小等于________；从动轮的回转方向可用________方法来确定。

（2）锥齿轮或交错轴斜齿轮的转向只能用________的方法判断。

（3）定轴轮系与周转轮系的区别是________________________。

（4）用转化轮系法计算周转轮系传动比的理论基础是________________________。

（5）基本周转轮系是由________、________、________组成。

（6）周转轮系中，i_{AB}^{H}表示的意思是________，i_{AB}表示的意思是________，i_{AB}与i_{AB}^{H}的关系是________________________。

（7）在混合轮系传动比计算中，应正确区分各个轮系，其关键在于________。

（8）行星轮系中各齿轮齿数与行星轮个数的选择必须满足的四个条件是________、________、________、________。

（9）正号机构的特点是____________、常用于____________；

负号机构的特点是________、常用于________________。

（10）汽车后桥差速器是________分解运动的应用。

班级		成绩	
姓名		任课教师	
学号		批改日期	

8-4 如图所示为一手摇提升装置，各轮齿数为 $z_1=20$，$z_2=50$，$z'_2=20$，$z_3=30$，$z'_3=1$，$z_4=40$，$z'_4=18$，$z_5=52$，试求传动比 i_{15}，并指出当提升重物时手柄的转向。

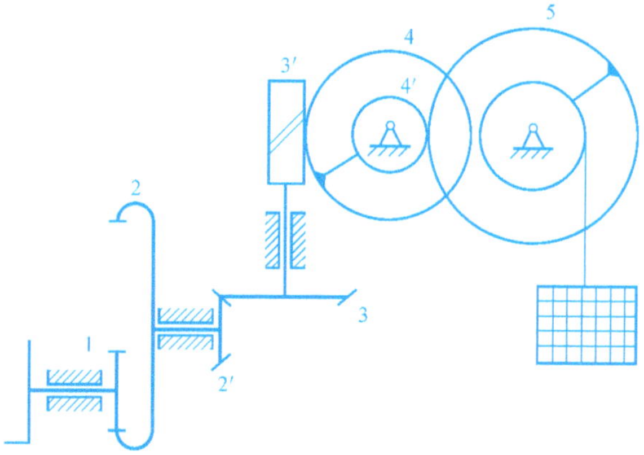

8-5 在图示轮系中，已知：蜗杆为单头且右旋，转速 $n_1=1440\text{r/min}$，转动方向如图示，其余各轮齿数为：$z_2=40$，$z'_2=20$，$z_3=30$，$z'_3=18$，$z_4=54$，试：

(1) 说明轮系属于何种类型。

(2) 计算齿轮 4 的转速 n_4。

(3) 在图中标出齿轮 4 的转动方向。

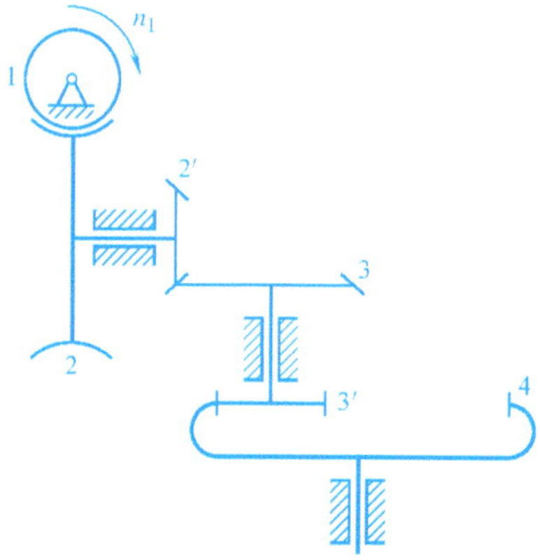

班级		成绩	
姓名		任课教师	
学号		批改日期	

8-6 如图所示为一千分表的示意图，已知各轮齿数，模数 $m=0.11\text{mm}$（为非标准模数）。若要测量杆 1 每移动 0.001mm 时，指针尖端刚好移动一个刻度（$s=1.5\text{mm}$）。问指针的长度 R 等于多少？（图中齿轮 5 和游丝的作用是使各工作齿轮始终保持单侧接触，以消除齿侧间隙对测量精度的影响）。

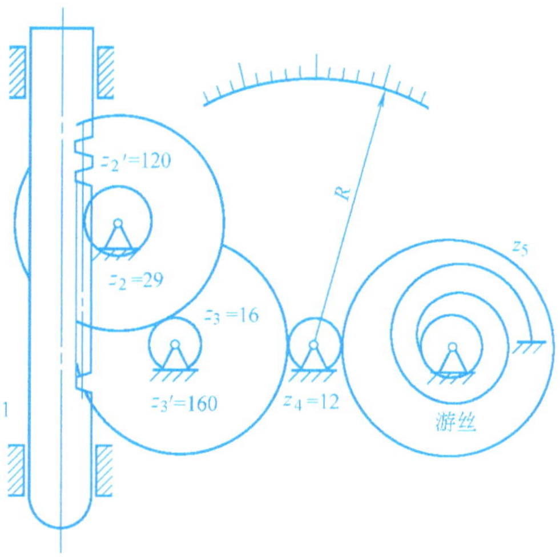

8-7 在如图所示的轮系中，设已知各轮齿数为：z_1、z_2、z_2'、z_3、z_3' 和 z_4，试求其传动比 i_{1H}。

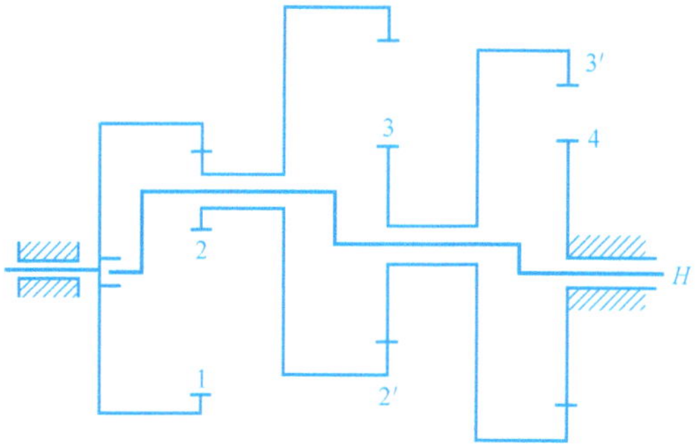

班级		成绩	
姓名		任课教师	
学号		批改日期	

8-8 图示门座式起重机的旋转机构中，已知电动机的转速 $n=1440\mathrm{r/min}$，各传动齿轮的齿数为 $z_1=1$（右旋），$z_2=40$，$z_3=15$，$z_4=180$。求该起重机机房平台 H 的转速 n_H。

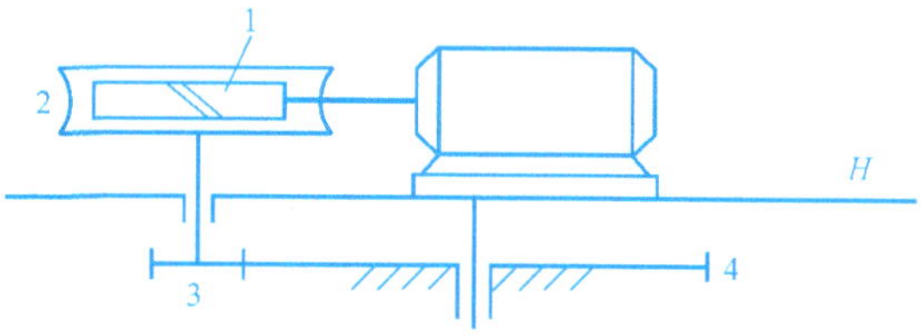

8-9 图示为手动起重葫芦，已知 $z_1=z_2'=10$，$z_2=20$，$z_3=40$，传动总效率 $\eta=0.9$。为提升重 $G=10\mathrm{kN}$ 的重物，求必须施加于链轮 A 上的圆周力 F。

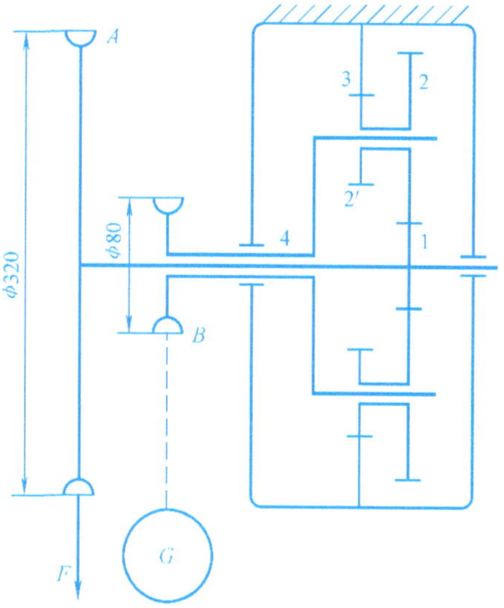

班级		成绩	
姓名		任课教师	
学号		批改日期	

8-10 图示轮系中，已知各轮齿数为：$z_1=60$，$z_2=z_2'=z_3=z_4=20$，$z_5=100$。试求传动比 i_{41}。

（在解题前应先思考下列问题：图示轮系为何种轮系，其自由度 F 等于多少？要求这种轮系的传动比，至少必须列出几个计算式？）

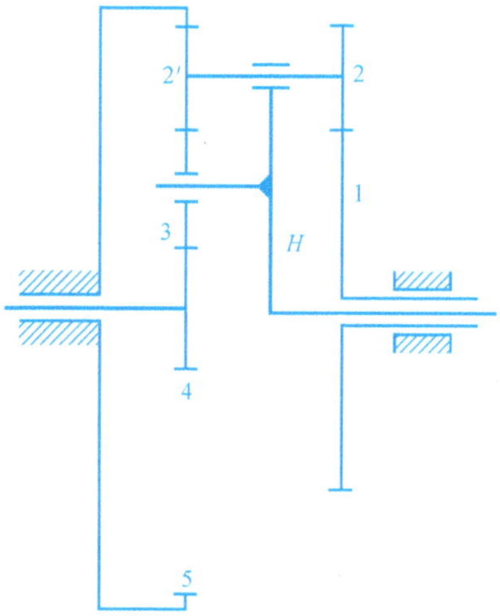

8-11 图示轮系中，$z_1=z_3=25$，$z_5=100$，$z_2=z_4=z_6=20$，试区分哪些构件组成定轴轮系？哪些构件组成周转轮系？哪个构件是系杆 H？传动比 $i_{16}=$？

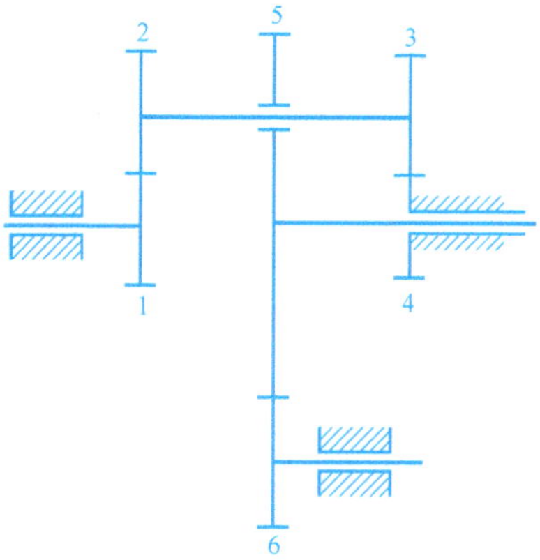

班级		成绩	
姓名		任课教师	
学号		批改日期	

8-12 如图 a、b 所示为两个不同结构的锥齿轮周转轮系，已知 $z_1=20$，$z_2=24$，$z_2'=30$，$z_3=40$，$n_1=200\text{r/min}$，$n_3=-100\text{r/min}$。求两轮系的 n_H 等于多少？

（通过对本题的计算，请进一步思考下列问题：转化轮系传动比的“±”号确定错误会带来什么结果？在周转轮系中用画箭头的方法确定的是构件的什么转向？试计算 $n_1^H=n_1-n_H$，$n_3^H=n_3-n_H$ 的值，并进而说明题中 n_1 与 n_3 以及 n_1^H 与 n_3^H 之间的转向关系）。

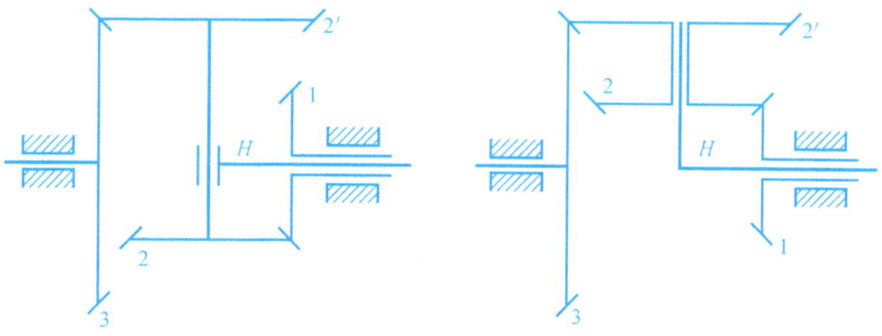

a)　　　　b)

班级		成绩	
姓名		任课教师	
学号		批改日期	

8-13 在图示的双级行星齿轮减速器中，各齿轮的齿数为：$z_1=z_6=20$，$z_3=z_4=40$，$z_2=z_5=10$，试求：

（1）当固定齿轮 4 时，传动比 i_{1H}。

（2）当固定齿轮 3 时，传动比 i_{1H}。

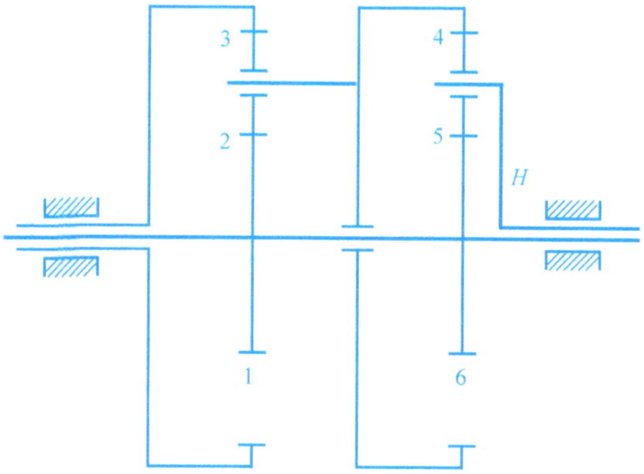

班级		成绩	
姓名		任课教师	
学号		批改日期	

8-14 图示的自行车里程表机构中，C 为车轮轴，P 为里程表指针。已知各轮齿数为：$z_1=17$，$z_3=23$，$z_4=19$，$z'_4=20$，$z_5=24$。设轮胎受压变形后车轮的有效直径为 $D=0.7\text{m}$，当自行车行驶 1km 时，表上的指针刚好回转一周，试求齿轮 2 的齿数。

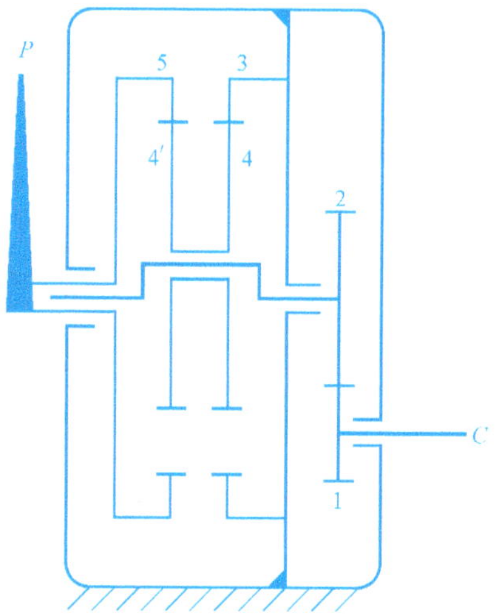

8-15 图示为指示轮船上左右舷发动机转速差的仪器用轮系。已知各轮齿数为：$z_R=z_L=25$，$z'_1=z'_3=75$，$z_1=z_3=35$，左右两侧齿轮输入转速 $n_R=n_L=900\text{r/min}$。

(1) 若 n_R、n_L 转向如图中实线所示，求指针 A 转速 n_A 的大小和方向；

(2) 若改变 n_R 的转向，如图中虚线所示，求指针 A 转速 n_A 的大小和方向。

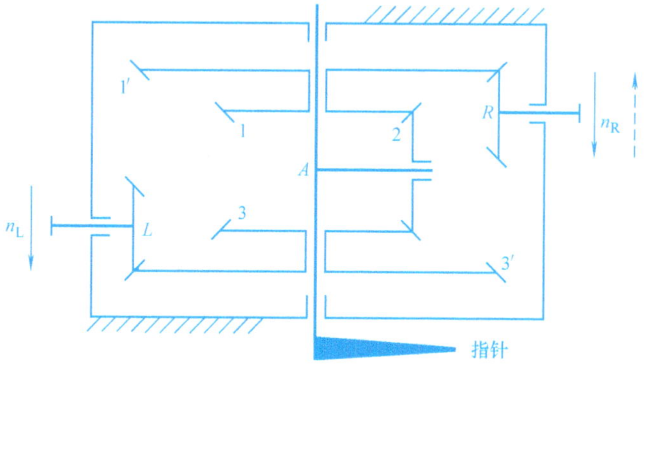

班级		成绩	
姓名		任课教师	
学号		批改日期	

8-16 在图示轮系中，已知各轮的齿数 $z_1=z_2'=z_3=z_4=20$，$z_2=30$，$z_4'=40$，$z_5=1$（右旋），$n_1=200\text{r/min}$，$n_5=80\text{r/min}$，转向如图示，试求 n_4、n_2、n_A 的大小和方向。

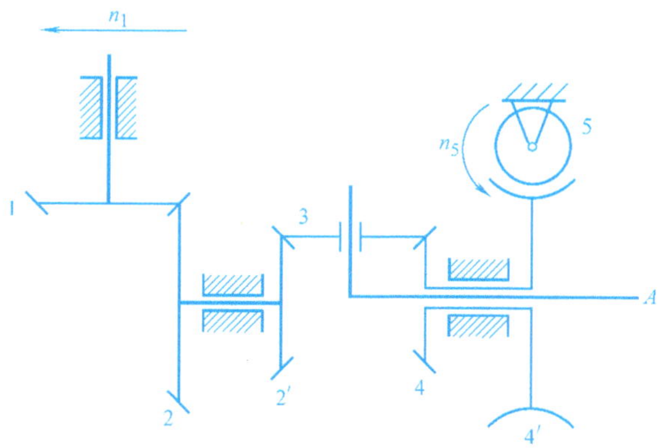

班级		成绩	
姓名		任课教师	
学号		批改日期	

8-17 图示轮系中，已知各轮齿数 $z_1=32$，$z_2=34$，$z'_2=36$，$z_3=64$，$z_4=32$，$z_5=17$，$z_6=24$。

（1）若轴 A 按图示方向以 1250r/min 的转速回转，轴 B 按图示方向以 600r/min 的转速回转，试确定轴 C 的转速大小及方向。

（2）如果使轴 B 按图示相反方向回转（A 轴方向不变），求轴 C 的转速大小及方向。

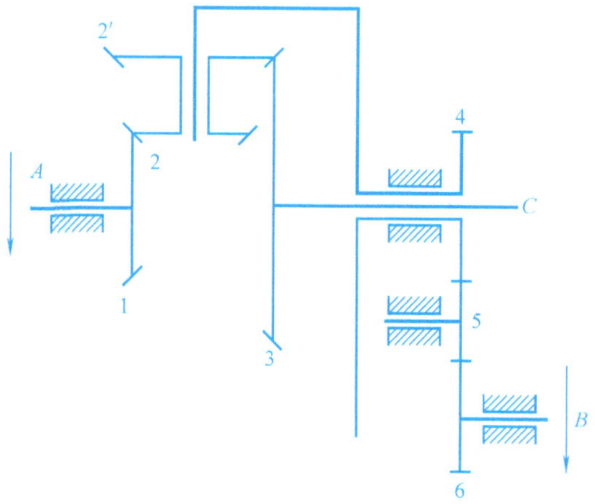

班级		成绩	
姓名		任课教师	
学号		批改日期	

8-18 如图所示传动装置中，已知各轮齿数为：$z_1=20$，$z_2=40$，$z_3=30$，$z_1'=60$，$z_5=30$，$z_5'=20$，$z_4=44$，$z_3'=40$，6 为右旋三头蜗杆，7 为蜗轮，$z_7=63$。试问：当轴 A 以 $n_A=60\text{r/min}$ 的转速按图示方向转动时，蜗轮 7 的转速 n_7 为多少？转向如何？

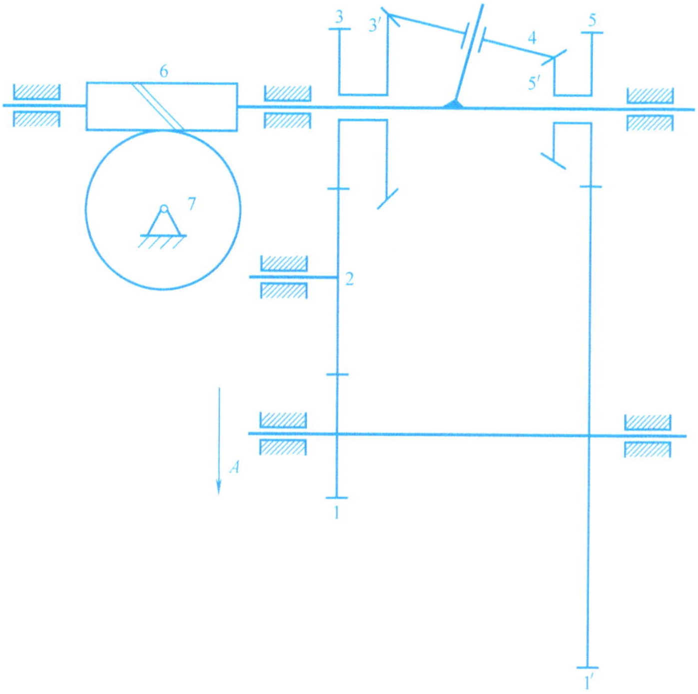

班级		成绩	
姓名		任课教师	
学号		批改日期	

8-19 在图示轮系中，已知各轮齿数为 $z_1=z_2=z_3=z_4=20$，$z_2'=z_3'=40$，$z_5=z_9=60$，$z_6=z_7=30$，$z_6'=z_8=15$，试求轮系的传动比 i_{1H}。

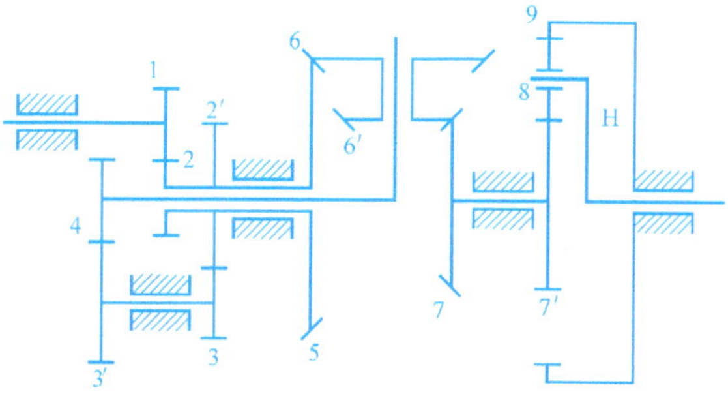

班级		成绩	
姓名		任课教师	
学号		批改日期	

8-20 在图示的减速装置中，齿轮 1 连于电动机的轴上，已知各轮的齿数为 $z_1=z_2=20$，$z_3=60$，$z_4=90$，$z_5=210$，电动机的转速 $n_{ed}=1440\text{r/min}$，求轴 B 的转速 n_B 及其回转方向。（提示：$n_{ed}=n_1-n_B$）

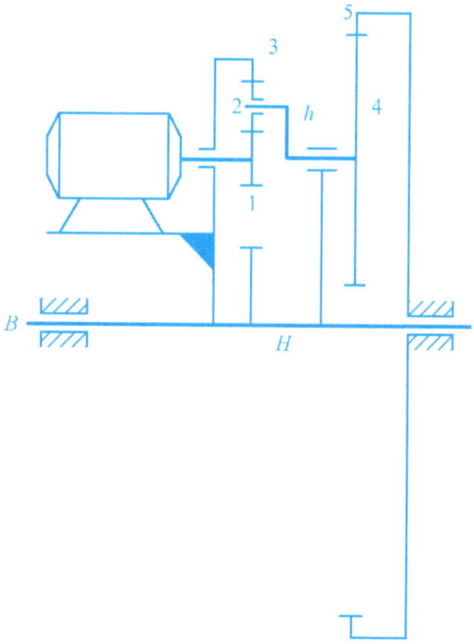

班级		成绩	
姓名		任课教师	
学号		批改日期	

8-21 在图示的轮系中，已知 $z_1=16$，$z_2=32$，模数 $m=6\text{mm}$，均为标准齿轮，试求齿轮 3 的齿数 z_3 和系杆 H 的长度 l_H。若要求均布四只行星轮，问能否实现？

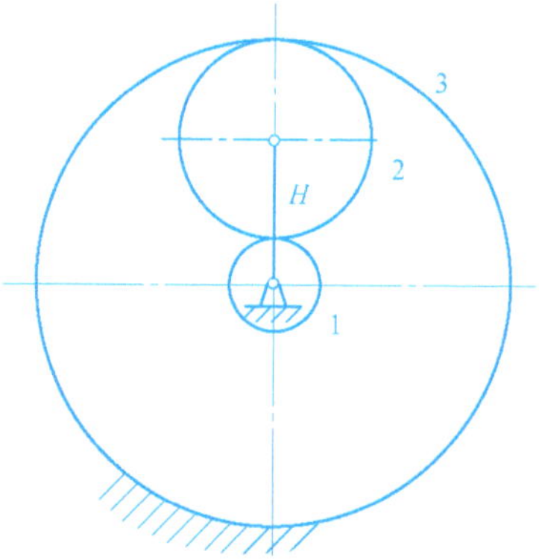

8-22 在行星轮系中，已知 $i_{1H}=5.5$，行星轮个数 $k=3$，齿顶高系数 $h_a^*=1$，顶隙系数 $c^*=0.25$，压力角 $\alpha=20°$，求各轮的齿数。

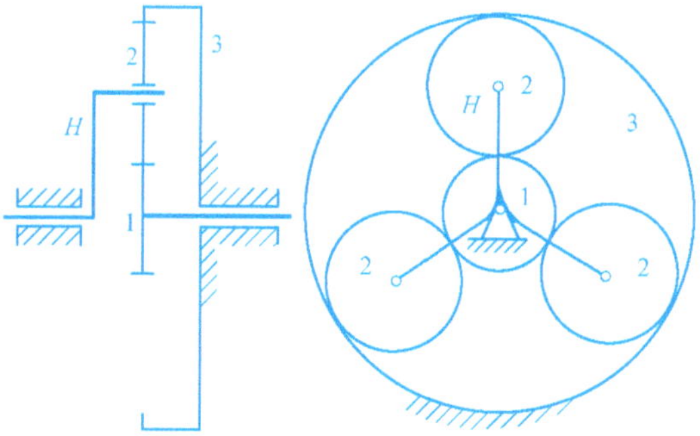

班级		成绩	
姓名		任课教师	
学号		批改日期	

第九章　其他常用机构

9-1　牛头刨床工作台的横向进给螺杆的导程 $l=3\text{mm}$，与螺杆固联的棘轮齿数 $z=40$，试问棘轮的最小转动角度 φ_{min} 是多少？该牛头刨床的最小横向进给量 s 是多少？

9-2　在转塔车床外接槽轮机构中，已知槽轮的槽数 $z=6$，槽轮静止时间 $t_j=\frac{5}{6}\text{s/r}$，运动时间是静止时间的两倍。试求：

（1）槽轮机构的运动系数 k。

（2）所需的圆销数 n。

班级		成绩	
姓名		任课教师	
学号		批改日期	

9-3 图示为微动调节的螺旋机构。构件 1 与机架 3 组成螺旋副 A，其导程 $l_A=2.8$mm，右旋。构件 2 与机架 3 组成螺旋副 C，2 与 1 还组成螺旋副 B。现要求当构件 1 转一圈时，构件 2 向右移动 0.2mm，问螺旋副 B 的导程 l_B 为多少？右旋还是左旋？

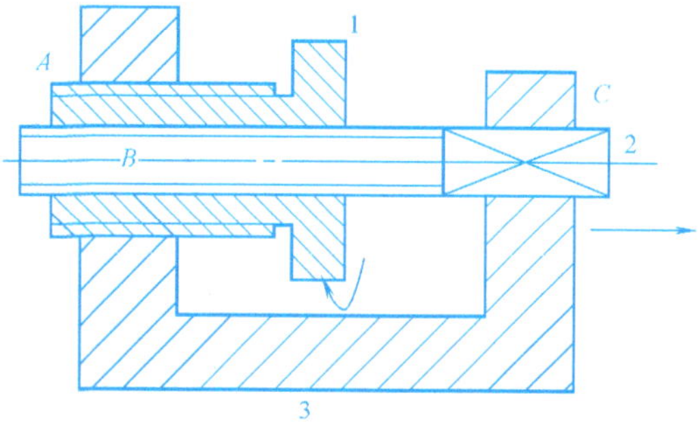

9-4 图示螺旋机构中，已知螺旋副 A 为右旋，导程 $l_A=2.8$mm；螺旋副 B 为左旋，导程 $l_B=3$mm，C 为移动副。试问螺杆 1 转多少转时才使螺母 2 相对构件 3 移动 10.6mm。

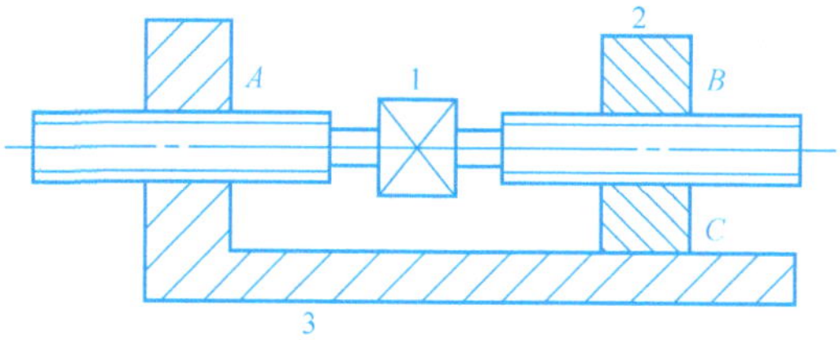

班级		成绩	
姓名		任课教师	
学号		批改日期	

第十章　机械的运转及其速度波动的调节

10-1　判断题（正确的在（　　）中填√，错误的填×）

（1）机器在启动和停车阶段，驱动功与阻抗功不相等。（　　）

（2）用（$\omega_{max}-\omega_{min}$）大小就可精确表示机器速度波动的程度。（　　）

（3）等效力矩 M_e 是机械系统中所有外力矩之和。（　　）

（4）等效转动惯量 J_e 是机械系统中所有构件的转动惯量之和。（　　）

（5）为了使机器稳定运转，机器中必须安装飞轮。（　　）

（6）机器中安装飞轮后，可使机器运转时的速度波动完全消除。（　　）

（7）为了减小飞轮的尺寸及减轻飞轮的重量，最好将飞轮安装在转速较高的轴上。（　　）

（8）机器周期变速稳定运转的含义是指原动件（机器主轴）作等速转动。（　　）

（9）机器作周期变速稳定运转，必须在每一瞬时驱动功率等于阻抗功率。（　　）

（10）机器等效动力学模型中的等效力（矩）是根据瞬时功率相等原则转化后计算得到的，是机构位置的函数，与构件间速比有关，因而在未求得机构的真实运动前是无法计算的。（　　）

（11）机器等效动力学模型中的等效质量（转动惯量）是根据动能相等原则转化后计算得到的，是机构位置的函数，与构件间速比有关，因而在未求得机构的真实运动前是无法计算的。（　　）

（12）利用原动机的自调性或安装飞轮是非周期性速度波动调节的一般方法。（　　）

10-2　单项选择题

（1）在研究机械系统动力学问题时，常用等效力矩来代替作用在系统中所有的外力（矩），它是按________的原则确定的。

A. 合力相等　　B. 瞬时动能相等　　C. 瞬间时功率相等

（2）为减小机器运转中周期性速度波动的程度，应在机器中安装________。

A. 调速器　　B. 飞轮　　C. 变速装置

（3）机器安装飞轮后，原动机的功率________。

A. 比未安装飞轮时要小　　B. 比未安装飞轮时要大　　C. 与未安装飞轮时一样

（4）用飞轮调速因为它能________能量。

A. 产生　　B. 消耗　　C. 储存和释放

（5）在机械稳定运转的一个运动循环中，应有________。

A. 惯性力和重力所作功之和均为零

B. 惯性力所作功之和为零，重力所作功之和不为零

C. 惯性力所作功之和不为零，重力所作功之和为零

D. 惯性力和重力所作功之和均不为零

（6）将作用于机器中所有阻力、惯性力、重力都转化到等效构件上，求得的等效力矩和机构动态静力分析中求得的在等效构件上的平衡力矩，两者的关系应是________。

A. 数值相同，方向相反　　B. 数值相同，方向一致

C. 数值不同，方向相反　　D. 数值不同，方向一致

（7）机器运转出现周期性速度波动的原因是________。

A. 机器中存在往复运动构件，惯性力难以平衡

B. 机器中各回转构件的质量分布不均匀

C. 在等效转动惯量为常数时，各瞬时驱动功率和阻抗功率不相等，但其平均值相等且有公共周期

D. 机器中各运动副的位置布置不合理

班级		成绩	
姓名		任课教师	
学号		批改日期	

(8) 设机器的等效转动惯量为常数，其等效驱动力矩和等效阻抗力矩的变化如图 10-1 所示，可判断该机器的运转情况应是________。

A. 匀速稳定运转　　B. 周期变速稳定运转

C. 加速过程　　D. 减速过程

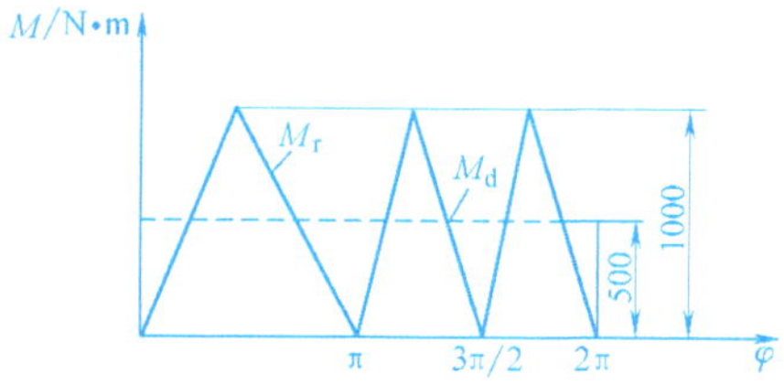

图 10-1

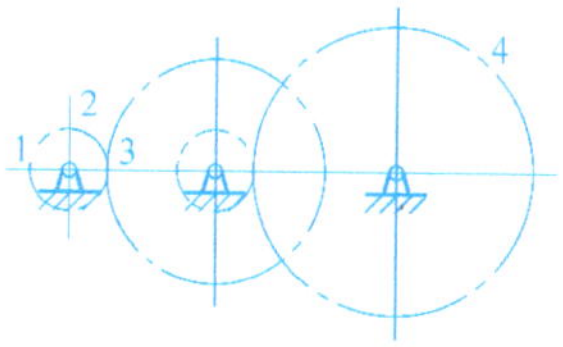

图 10-2

(9) 如图 10-2 所示传动系统中，已知 $z_1=20$，$z_2=60$，$z_3=20$，$z_4=80$，如以齿轮 4 为等效构件，则齿轮 1 的等效转动惯量将是它自身转动惯量的________。

A. 12 倍　　B. 144 倍　　C. 1/12　　D. 1/144

(10) 如图 10-2 所示传动系统中，已知 $z_1=20$，$z_2=60$，$z_3=20$，$z_4=80$，如以轮 1 为等效构件，则作用在轮 4 上力矩 M_4 等效到构件 1 上的等效力矩等于 M_4 的________。

A. 12 倍　　B. 144 倍　　C. 1/12　　D. 1/144

(11) 在最大盈亏 ΔW_{max} 和机器运转速度不均匀系数 δ 不变的前提下，将飞轮安装轴的转速提高一倍，则飞轮的转动惯量 J_F 将等于原飞轮的转动惯量的________。

A. 2 倍　　B. 4 倍　　C. 1/2　　D. 1/4

(12) 如果不改变机器主轴的平均角速度，也不改变等效驱动力矩和等效阻抗力矩的变化规律，拟将机器运转速度不均匀系数从 0.10 降到 0.01，则飞轮的转动惯量 J_F 将等于原飞轮转动惯量的________。

A. 10 倍　　B. 100 倍　　C. 1/10　　D. 1/100

10-3 图示的搬运器机构中，已知滑块质量 $m=20$kg（其余构件质量转动惯量忽略不计），$l_{AB}=l_{ED}=100$mm，$l_{BC}=l_{CD}=l_{EF}=200$mm，$\varphi_1=\varphi_{23}=\varphi_3=90°$。求由作用在滑块 5 上的阻力 $F_5=1$kN（忽略各构件的重力）而换算到构件 1 的轴 A 上的等效阻力矩 M_{er}，以及换算到轴 A 上的滑块质量的等效转动惯量 J_e。

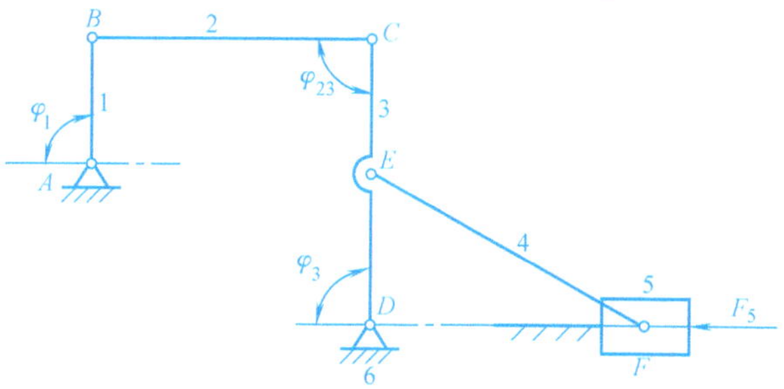

班级		成绩	
姓名		任课教师	
学号		批改日期	

10-4 图示为齿轮一凸轮机构，已知齿轮 1、2 的齿数 z_1、z_2 和它们对其转轴 O_1、O_2 的转动惯量分别为 J_1、J_2，凸轮为一偏心矩为 e 的圆盘，与齿轮 2 固连，凸轮对其质心 S_3 的转动惯量为 J_3，其质量为 m_3，从动杆 4 的质量为 m_4，作用在齿轮 1 上的驱动力矩 $M_1 = M(\omega_1)$，作用在从动杆上的压力为 Q。若以轴 O_2 上的构件（即齿轮 2 和凸轮）为等效构件，试求在此位置时的等效转动惯量 J_e 和等效力矩 M_e。

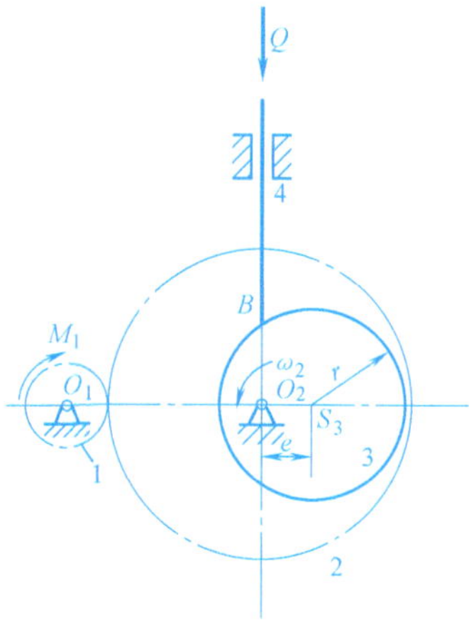

10-5 图示行星轮系中，已知各轮的齿数 $z_1 = z'_2 = 20$，$z_2 = z_3 = 40$，各构件的质心均在其相对回转轴线上，且 $J_1 = 0.01\text{kg}\cdot\text{m}^2$，$J_2 = 0.04\text{kg}\cdot\text{m}^2$，$J'_2 = 0.01\text{kg}\cdot\text{m}^2$，系杆相对转动轴线的转动惯量 $J_H = 0.18\text{kg}\cdot\text{m}^2$，行星轮质量 $m_2 = 4\text{kg}$，$m'_2 = 2\text{kg}$，模数均为 $m = 10\text{mm}$，求由作用在系杆 H 上的驱动力矩 $M_H = 60\text{N}\cdot\text{m}$ 而换算到轮 1 的轴 O_1 上的等效力矩 M（忽略重力）及换算到轮 1 的轴 O_1 上的等效转动惯量 J。

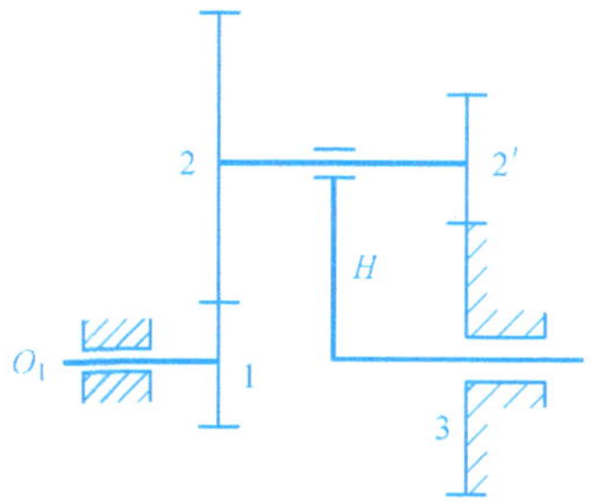

班级		成绩	
姓名		任课教师	
学号		批改日期	

10-6 如图所示机构中，已知生产阻力 F_3，构件 3 的重量为 G_3，构件 3 的移动导路至 A 点的距离为 h，其余构件质量、转动惯量忽略不计。试写出机构在图示位置（构件 1 与水平线夹角为 φ_1）时，转化到构件 1 上的等效阻力矩 M_r 和等效转动惯量 J 的表达式。

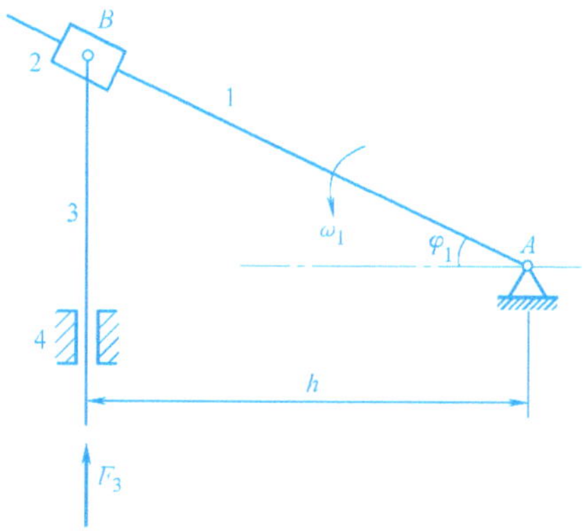

10-7 图示为一导杆机构，已知 $l_{AB}=150\text{mm}$，$l_{AC}=300\text{mm}$，$l_{CD}=550\text{mm}$，质量为 $m_1=5\text{kg}$（质心 S_1 在 A 点），$m_2=3\text{kg}$（质心 S_2 在 B 点），$m_3=10\text{kg}$（质心 S_3 在 l_{CD} 的中点），绕质心的转动惯量为 $J_{S1}=0.05\text{kg}\cdot\text{m}^2$，$J_{S2}=0.002\text{kg}\cdot\text{m}^2$，$J_{S3}=0.2\text{kg}\cdot\text{m}^2$，力矩 $M_1=1000\text{N}\cdot\text{m}$，$F_3=5000\text{N}$（忽略各构件的重力）。若取构件 3 为等效构件，试求 $\varphi_1=45°$ 时，机构的等效转动惯量 J_{e3} 及等效力矩 M_{e3}。

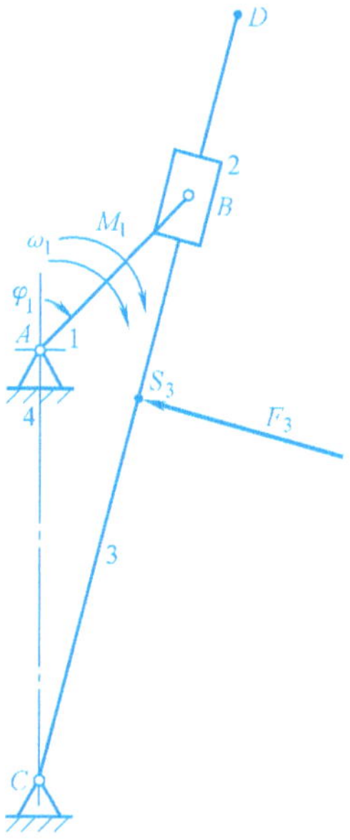

$\mu_l=0.0075\ \frac{\text{m}}{\text{mm}}$

班级		成绩	
姓名		任课教师	
学号		批改日期	

10-8 图示的定轴轮系中，已知加于轮 1 和轮 3 上的驱动力矩 $M_1=80\mathrm{N\cdot m}$，阻力矩 $M_3=100\mathrm{N\cdot m}$；各轮的转动惯量 $J_1=0.1\mathrm{kg\cdot m^2}$，$J_2=0.225\mathrm{kg\cdot m^2}$，$J_3=0.4\mathrm{kg\cdot m^2}$；各轮的齿数 $z_1=20$，$z_2=30$，$z_3=40$。在开始转动的瞬时，轮 1 的角速度等于零。求在运动开始后经过 0.5s 时轮 1 的角加速度 α_1 和角速度 ω_1。

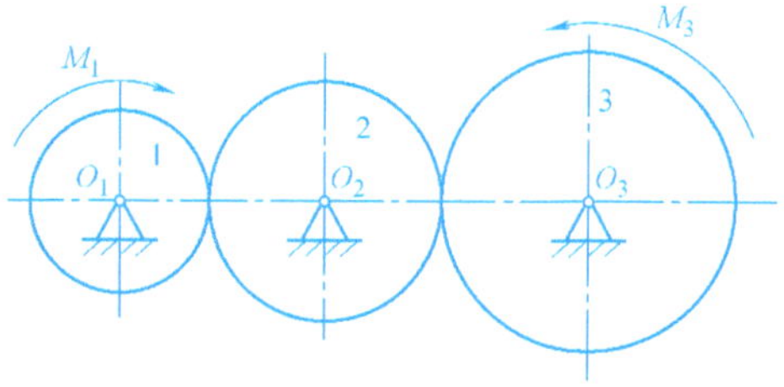

10-9 某机械系统以其主轴为等效构件。已知主轴稳定运转一个周期的等效阻力矩变化规律如图所示。等效转动惯量 $J=0.5\mathrm{kg\cdot m^2}$，平均角速度 $\omega_m=40\mathrm{rad/s}$，等效驱动力矩为常数。试求运转速度不均匀系数 δ 及 ω_{max}、ω_{min} 的位置和大小。

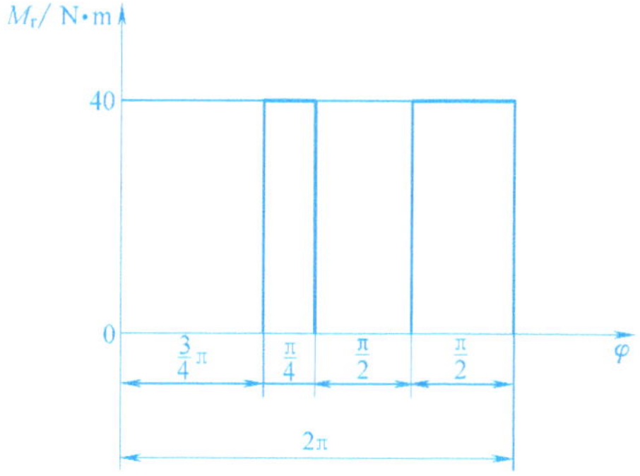

班级		成绩	
姓名		任课教师	
学号		批改日期	

10-10 在图 a 所示的刨床机构中，已知空程和工作行程中消耗于克服阻抗力的恒功率分别为 $P_1 = 367.7\text{W}$ 和 $P_2 = 3677\text{W}$，曲柄的平均转速 $n = 100\text{r/min}$，空程中曲柄的转角为 $\varphi_1 = 120°$。当机构的运转不均匀系数 $\delta = 0.05$ 时，试确定电动机的平均功率，并分别计算在以下两种情况中的飞轮转动惯量 J_F（略去各构件的重量和转动惯量）。

（1）飞轮装在曲柄轴上。

（2）飞轮装在电动机轴上，电动机的额定转速 $n_n = 1440\text{r/min}$。电动机通过减速器驱动曲柄。为简化计算，减速器的转动惯量忽略不计。

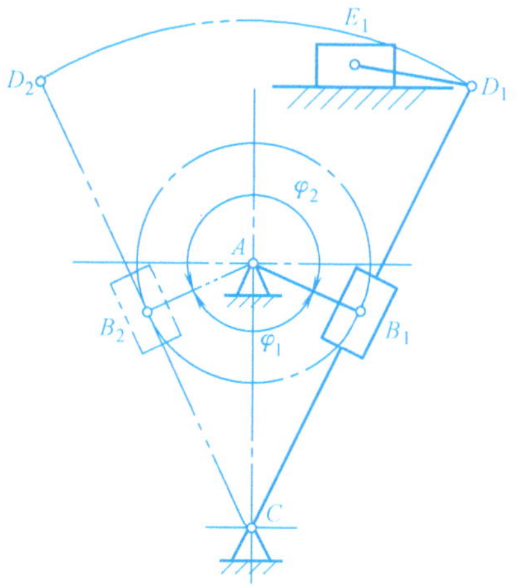

a)

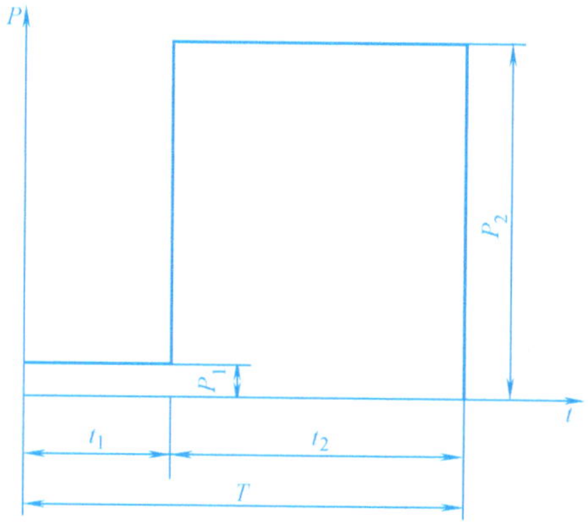

b)

班级		成绩	
姓名		任课教师	
学号		批改日期	

10-11 某内燃机的曲柄输出力矩 M_d 随曲柄转角 φ 的变化曲线如图所示，其运动周期 $\varphi_T=\pi$，曲柄的平均转速 $n_m=620\text{r/min}$，当用该内燃机驱动一个阻抗力为常数的机械时，如果要求运转不均匀系数 $\delta=0.01$，试求：

（1）曲柄最大转速 n_{max} 和相应的曲柄转角位置 φ_{max}。

（2）装在曲柄轴上的飞轮转动惯量 J_F（不计其余构件的重量和转动惯量）。

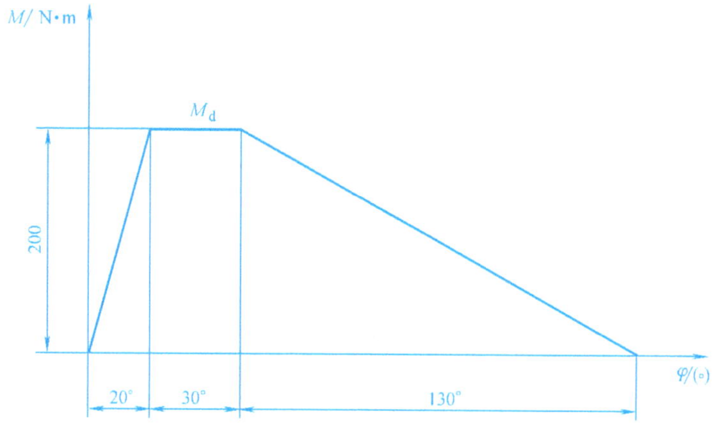

班级		成绩	
姓名		任课教师	
学号		批改日期	

10-12 图示为某机械系统的等效驱动力矩 M_{ed} 及等效阻力力矩 M_{er} 对转角 φ 的变化曲线，φ_T 为其变化的周期转角。设已知各块面积为 $A_{ab}=200\text{mm}^2$，$A_{bc}=260\text{mm}^2$，$A_{cd}=100\text{mm}^2$，$A_{de}=190\text{mm}^2$，$A_{ef}=320\text{mm}^2$，$A_{fg}=220\text{mm}^2$，$A_{ga}=50\text{mm}^2$，而单位面积所代表的功为 $\mu_A=10\text{Nm/mm}^2$，试求该系统的最大盈亏功 ΔW_{max}。又如设已知其等效构件的平均转速为 $n_m=1000\text{r/min}$，等效转动惯量为 $J_e=5\text{kg}\cdot\text{m}^2$，试求该系统的最大转速 n_{max} 及最小转速 n_{min}，并指出最大转速及最小转速出现的位置。

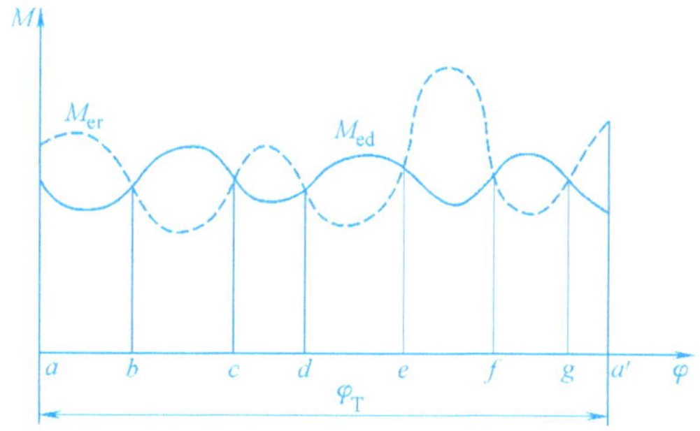

10-13 某机械以其主轴为等效构件，已知主轴稳定运转一个周期的等效驱动力矩和等效阻力矩变化情况如图所示，并已算出曲线所包围的各块面积所代表的盈亏功的值（单位均为 N · m），平均角速度 $\omega_m=40\text{rad/s}$，许用速度不均匀系数 $[\delta]=1/40$，若不计飞轮以外各构件的转动惯量，试计算：

（1）试根据周期变速稳定运转的条件求 f_6 的值。

（2）求出装在主轴上的飞轮转动惯量 J_F。

（3）指出主轴 ω_{max} 与 ω_{min} 对应的转角位置。

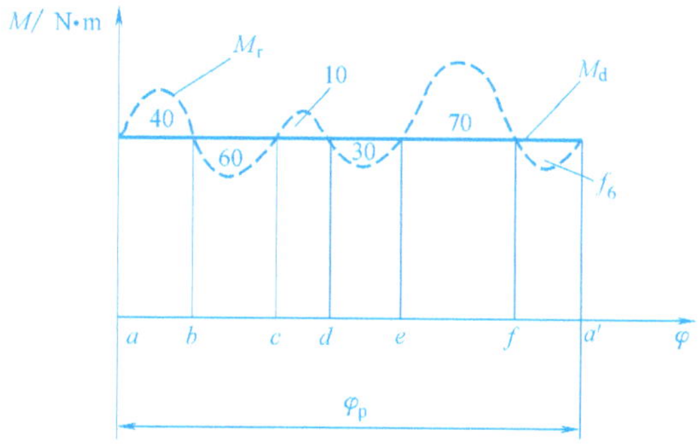

班级		成绩	
姓名		任课教师	
学号		批改日期	

第十一章　机械的平衡

11-1　判断题（正确的在（　　）中填√，错误的填×）

（1）动平衡的构件一定是静平衡的，反之不一定。（　　）

（2）无论有多少个不平衡质量，也不论它们如何分布，只需要选定两个平衡基面进行动平衡。（　　）

（3）在机械设计中，回转构件都需要动平衡。（　　）

（4）在设计中达到动平衡要求的构件，还必须进行动平衡实验。（　　）

（5）在图 11-1 中，S 为构件的总质心。

图 c 达到动平衡。（　　）

图 a、图 c 达到动平衡。（　　）

图 a、图 b 都未达到静平衡。（　　）

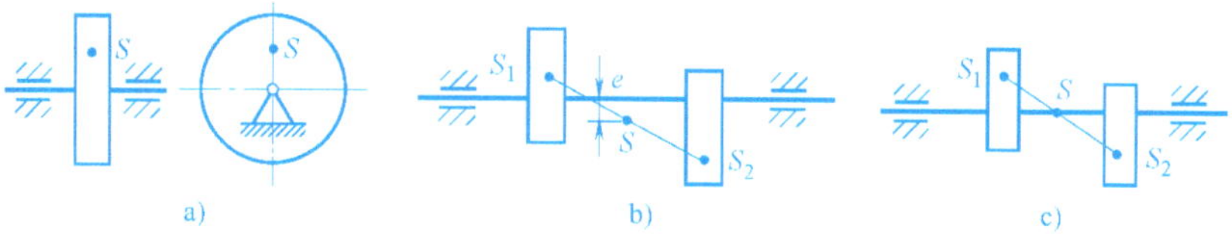

图 11-1

11-2　单项选择题

（1）在图示三根曲轴中，已知 $m_1r_1=m_2r_2=m_3r_3=m_4r_4$，并作轴向等间隔布置，且都在曲轴的同一平面内，图________已达动平衡。

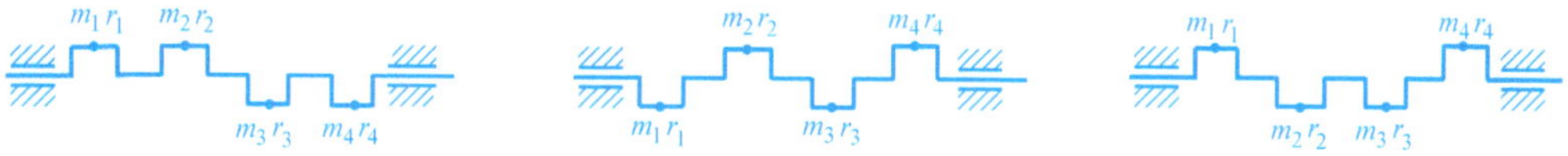

A.　　　　B.　　　　C.

（2）设图 11-2 所示两回转体的材料均匀，制造精确，安装正确，当它绕 AA 轴线回转时，图 a 处于________状态，图 b 处于________状态。

A. 静不平衡　　B. 静平衡　　C. 完全不平衡　　D. 动平衡

图 11-2

（3）机械平衡研究的内容是________。

A. 驱动力与阻力间的平衡　　B. 各构件作用力间的平衡

C. 惯性力系间的平衡　　D. 输入功率与输出功率间的平衡

（4）图 11-3 所示为一发动机曲轴，$m_1=m_2=m_3=m_4$，$r_1=r_2=r_3=r_4$，$l_{12}=l_{23}=l_{34}$，各曲拐的位置如图，当该曲轴绕轴线回转时是处于________状态。

A. 静不平衡　　B. 静平衡

C. 完全不平衡　　D. 动平衡

班级		成绩	
姓名		任课教师	
学号		批改日期	

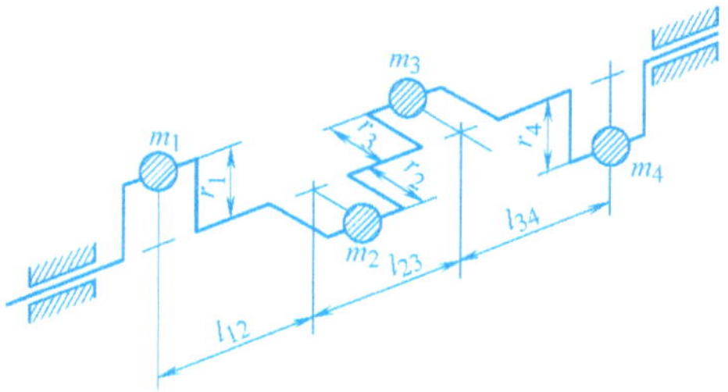

图 11-3

（5）图 11-4a、b 两图中为了平衡曲柄滑块机构 ABC 中滑块 C 的往复惯性力（曲柄和连杆质量不计），在原机构上附加一对称滑块机构 $AB'C'$。设滑块 C 和 C' 质量相等，$l_{AB}=l'_{AB}$，$l_{BC}=l'_{BC}$，a 图机构在运转时能达到________，b 图机构在运转时能达到________。

A. 惯性力全部平衡，且不产生附加惯性力偶矩

B. 惯性力全部平衡，但产生附加惯性力偶矩

C. 惯性力部分平衡，且不产生附加惯性力偶矩

D. 惯性力部分平衡，但产生附加惯性力偶矩

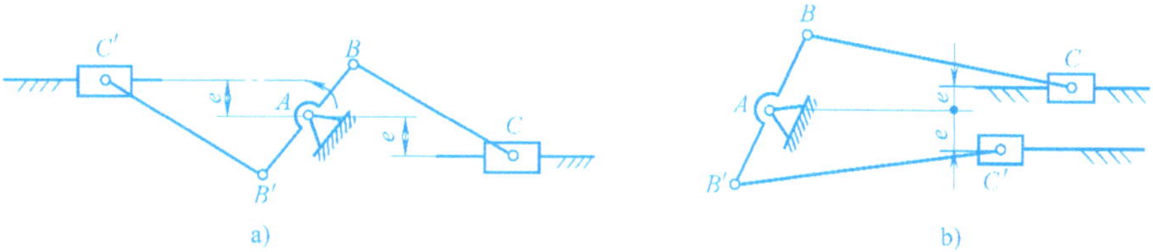

图 11-4

11-3 图示为一钢制圆盘，盘厚 $b=50\text{mm}$，位置 I 处有一直径 $\phi=50\text{mm}$ 的通孔，位置 II 处是一质量 $m_2=0.5\text{kg}$ 的重块。为了使圆盘平衡，在 $r_{\text{II}}=200\text{mm}$ 的圆上制一通孔。试求此孔的直径与位置（钢的密度 $\rho=7.8\text{g/cm}^3$）。

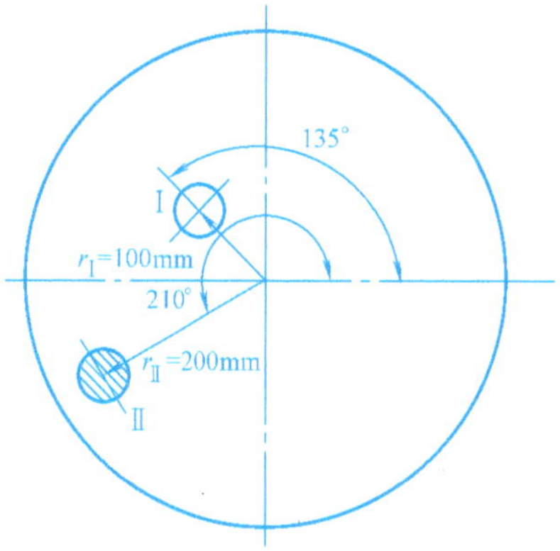

班级		成绩	
姓名		任课教师	
学号		批改日期	

11-4 如图所示单缸卧式煤气机的曲柄轴，在曲柄轴的两端装有两个飞轮 A 和 B。已知曲柄半径 $R=250\text{mm}$ 及换算到曲柄销 S 的不平衡质量为 50kg。欲在两飞轮上各装一个平衡质量 m_{bA}、m_{bB}，其回转半径均为 $r=600\text{mm}$，试求 m_{bA}、m_{bB} 的大小和位置。

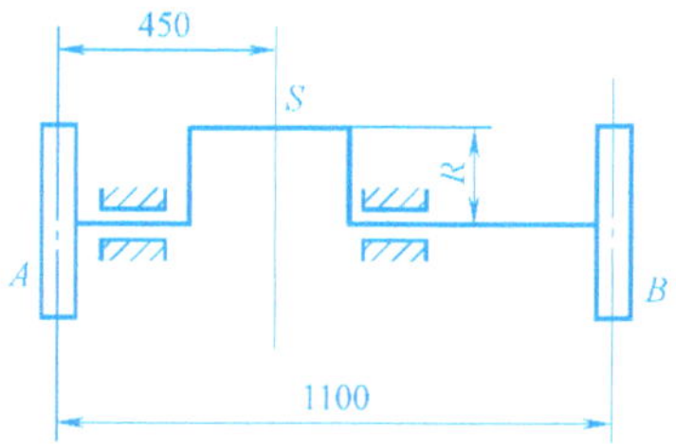

11-5 图示曲轴，已知两个不平衡质量 $m_1=m_2=m$，$\vec{r}_1=-\vec{r}_2$，位置如图，试判断该轴是否静平衡？是否动平衡？若不平衡，求下列两种情况下在两个平衡基面Ⅰ、Ⅱ上需加的平衡质径积 $m_{bⅠ}\vec{r}_{bⅠ}$ 和 $m_{bⅡ}\vec{r}_{bⅡ}$ 的大小和方位。

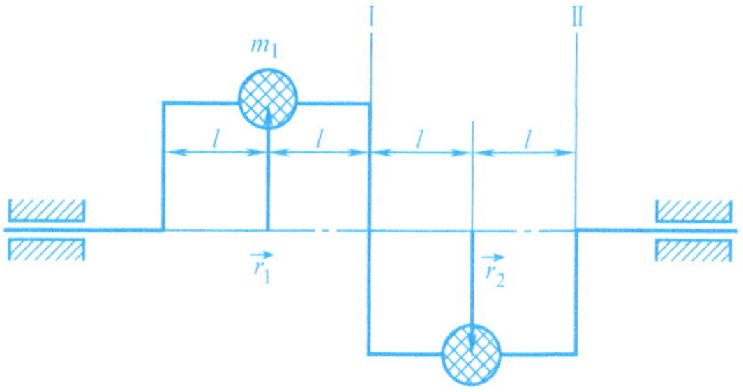

a)

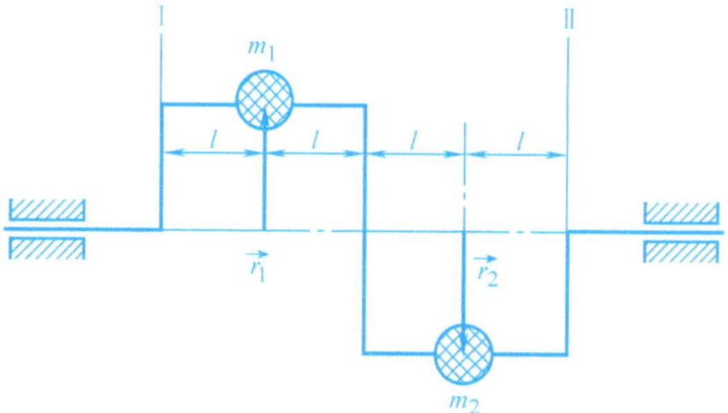

b)

班级		成绩	
姓名		任课教师	
学号		批改日期	

11-6 图示带有刀架盘 A 的机床主轴需要作动平衡试验，现校正平面取Ⅰ、Ⅱ两回转面，但所用的动平衡机只能测量在两支承范围内的校正平面的不平衡量。现测得平面Ⅰ、Ⅲ内应加质径积为 $m_1r_1=1\text{gm}$，$m_3r_3=1.2\text{gm}$，方向如图所示。能否在Ⅰ、Ⅱ两回转面内校正？如何校正？

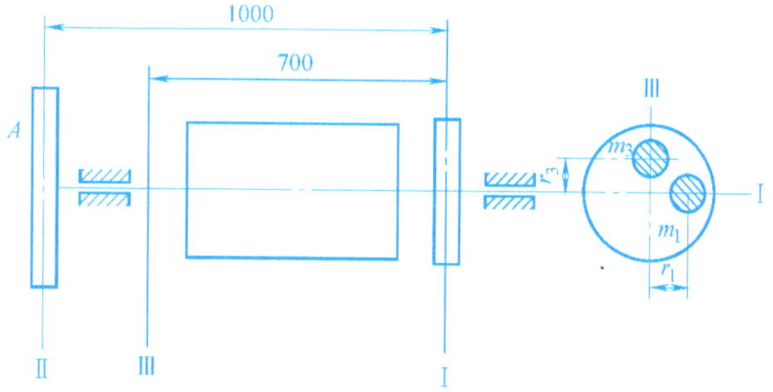

11-7 高速水泵的凸轮轴系由三个互相错开 120°的偏心轮所组成，每一个偏心轮的质量为 0.4kg，其偏心距为 12.7mm。设在平衡面 A 和 B 处各装一个平衡质量 m_A 和 m_B 使之平衡，其回转半径为 10mm，其他尺寸如图所示（单位：mm）。求 m_A 和 m_B 的大小和位置。

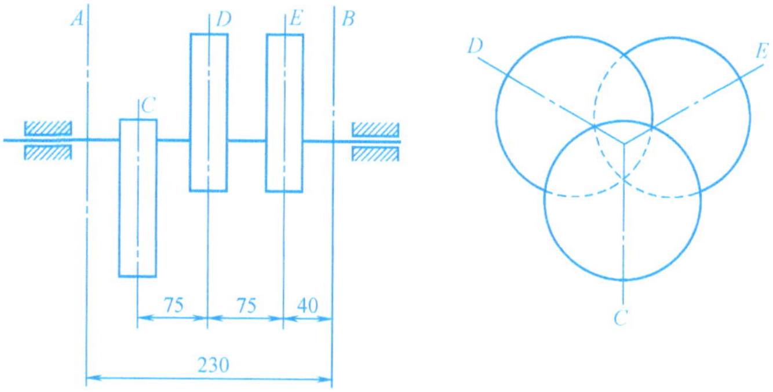

班级		成绩	
姓名		任课教师	
学号		批改日期	

11-8 图示为一滚筒，在轴上装有带轮。现已测知带轮有一偏心质量 $m_1=1\text{kg}$；另外，根据该滚筒的结构，知其具有两个偏心质量 $m_2=3\text{kg}$，$m_3=2\text{kg}$，各偏心质量的位置如图所示（长度单位为 mm）。若将平衡基面选在滚筒的端面，两平衡基面中平衡质量的回转半径均取为 400mm，试求两平衡质量的大小和方位。

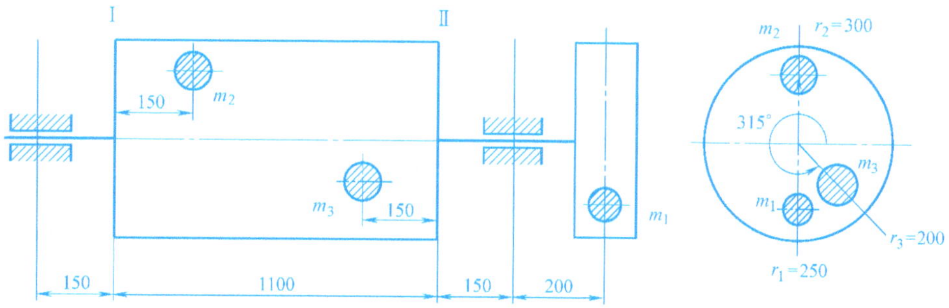

班级		成绩	
姓名		任课教师	
学号		批改日期	

第十二章　机械系统运动方案设计

12-1　何谓组合机构？它与一部机器包含多个机构的传动系统有何区别？组合机构的特点是什么？

12-2　下列机构是否为组合机构？如果是，它是由哪些基本机构组合而成的？试画出其组合方式框图。

（1）胶片洗印的抓片机构。

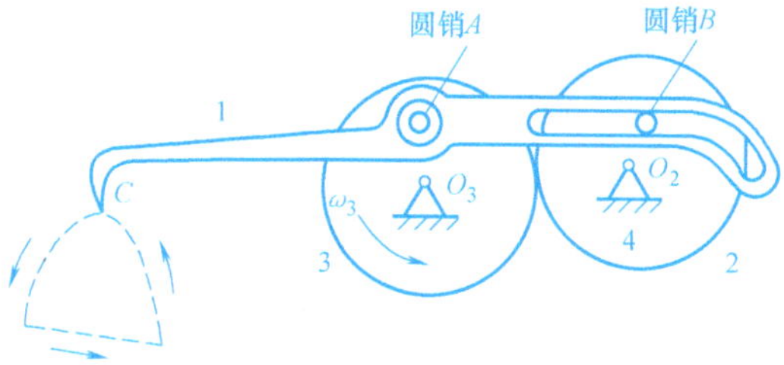

（2）压力机机构。

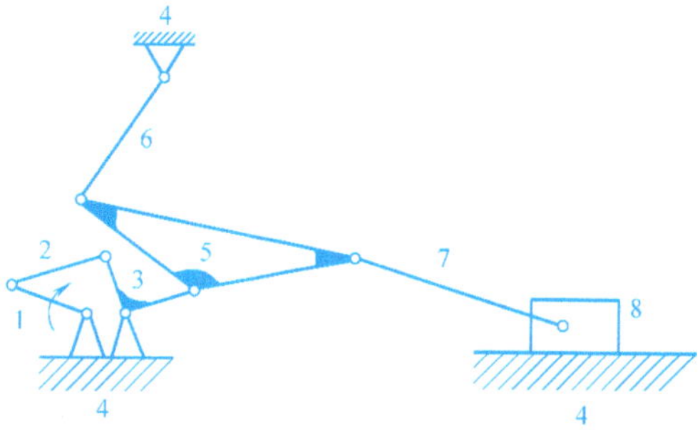

班级		成绩	
姓名		任课教师	
学号		批改日期	

12-3 何谓机构的变异？机构变异创新的目的是什么？机构变异主要方法有哪几种？

12-4 设计机械传动系统方案要考虑哪些基本要求？设计的大致步骤如何？

12-5 为什么要对机械进行功能分析？这对机械系统设计有何指导意义？

班级		成绩	
姓名		任课教师	
学号		批改日期	

12-6 什么是机械的工作循环图？有几种形式？各有什么特点？机械的工作循环图在机械系统设计中的作用是什么？

12-7 机构选型的一般方法有哪几种？

12-8 机构选型构思及创新设计主要有哪些方法？

班级		成绩	
姓名		任课教师	
学号		批改日期	

12-9 图示为一种平台印刷机的版台传动机构。其基础机构Ⅲ是由上、下齿条（均为可移动的齿条）和轴线可动的齿轮组成的齿轮—齿条机构，而附加机构包括双曲柄机构Ⅰ、曲柄滑块机构Ⅰ′和凸轮机构Ⅱ。系统的输入运动为曲柄 AB 的匀速转动，输出运动为与上齿条固结的版台的往复移动。该机构在工作行程的一个区间内，速度比较均匀。设置凸轮机构是为了修正版台（即上齿条）的运动，使其在压印区满足一定的速度要求。

（1）试分析机构的组合方式。

（2）说明凸轮机构在机械系统中的作用。

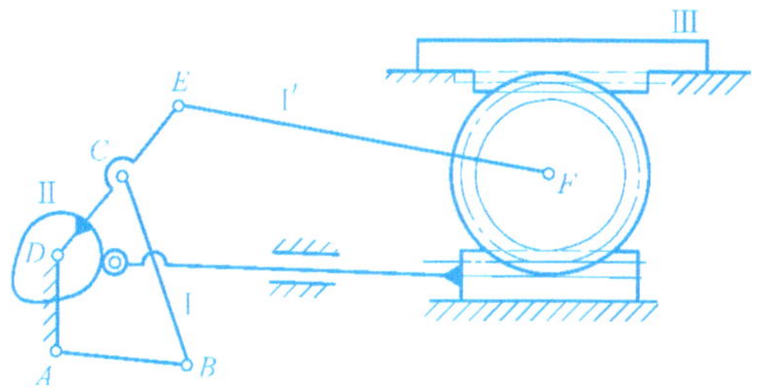

12-10 在图示凸轮—连杆机构中（尺寸和位置如图所示），拟使 C 点的运动轨迹为图示的 $abca$ 曲线。试说明该机构中的凸轮 1 和凸轮 2 的轮廓曲线设计的方法和步骤。

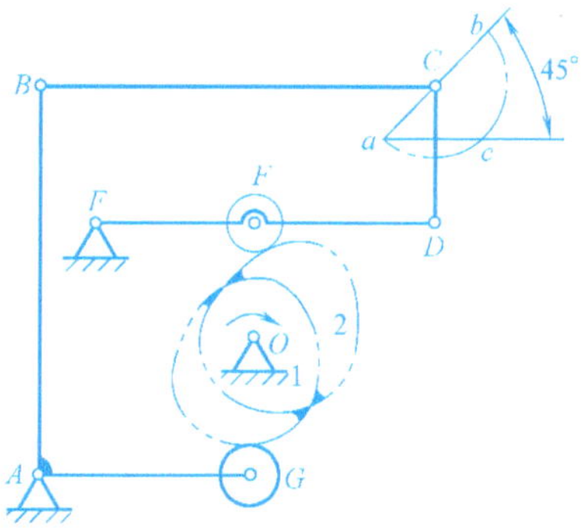

班级		成绩	
姓名		任课教师	
学号		批改日期	

参考文献

[1] 孙桓，陈作模，葛文杰. 机械原理［M］. 7版. 北京：高等教育出版社，2006.

[2] 葛文杰. 机械原理作业集［M］. 2版. 北京：高等教育出版社，2006.

[3] 赖三彦. 机械原理作业集［M］. 北京：高等教育出版社，1993.

[4] 申永胜. 机械原理辅导与习题［M］. 2版. 北京：清华大学出版社，2006.

[5] 杨巍，何晓玲. 机械原理［M］. 北京：机械工业出版社，2010.

[6] 彭文生，杨家军，王均荣. 机械设计与机械原理考研指南［M］. 2版. 武汉：华中科技大学出版社，2005.

《机械原理作业集》

王　军　何晓玲　杨　巍　田同海　编

读者信息反馈表

尊敬的老师：

您好！感谢您多年来对机械工业出版社的支持与厚爱！为了进一步提高我社教材的出版质量，更好地为我国高等教育发展服务，欢迎您对我社的教材多提宝贵意见和建议。另外，如果您在教学中选用了本书，欢迎您对本书提出修改建议和意见。

机械工业出版社教材服务网网址：http：//www. cmpedu. com。

一、基本信息

姓名：__________　性别：__________　职称：__________　职务：__________

邮编：__________　地址：______________________________

任教课程：________________电话：_______—_______（H）__________（O）

电子邮件：______________________________手机：__________

二、您对本书的意见和建议

（欢迎您指出本书的疏误之处）

三、您对我们的其他意见和建议

请与我们联系：

100037　机械工业出版社·高等教育分社　刘小慧　收

Tel：010-8837 9712，8837 9715

E-mail：lxh9592@126. com